景观体验

设计与方法

余洋 陆诗亮 著

中国水利水电出版社
www.waterpub.com.cn

内 容 提 要

体验是人与景观之间最直接的认知方式。通过体验的过程，人们对景观空间和要素进行解读与判断。基于个体感知和社会认同两个层面的个体体验和群体体验构成了景观体验的核心内容。

本书主要研究景观体验的感知媒介和设计途径。个体通过视、听、嗅、触、味的五感认知进行体验；群体通过集体参与的景观事件进行体验。在两种媒介的作用下，景观空间和要素可以特定体验目标为导向，进行组织和建构体验式景观。以“体验”为核心的景观更关注人的行为与需求，在城市景观、乡村景观和荒野景观中，创造出更具吸引力的景观场所。

本书可供从事环境设计、景观设计的相关人员参考使用，也可供高等院校环境设计、景观设计等相关专业的师生参考使用。

图书在版编目（CIP）数据

景观体验设计与方法 / 余洋，陆诗亮著. -- 北京 :
中国水利水电出版社，2015.12
ISBN 978-7-5170-4010-1

Ⅰ. ①景… Ⅱ. ①余… ②陆… Ⅲ. ①景观设计
Ⅳ. ①TU986.2

中国版本图书馆CIP数据核字(2015)第321389号

书　　名	**景观体验设计与方法**
作　　者	余洋　陆诗亮　著
出版发行	中国水利水电出版社 （北京市海淀区玉渊潭南路1号D座　100038） 网址：www.waterpub.com.cn E-mail：sales@waterpub.com.cn 电话：（010）68367658（发行部）
经　　售	北京科水图书销售中心（零售） 电话：（010）88383994、63202643、68545874 全国各地新华书店和相关出版物销售网点
排　　版	北京时代澄宇科技有限公司
印　　刷	北京嘉恒彩色印刷有限责任公司
规　　格	184mm×260mm　16开本　13印张　253千字
版　　次	2015年12月第1版　　2015年12月第1次印刷
印　　数	0001—2000册
定　　价	**60.00元**

前　言

景观体验似乎是人与景观之间最普遍的存在，似乎不需要专门研究就容易理解。然而，正是这种最普遍的存在才很重要。作为最直接的认知方式，景观体验能够解释人们认识景观的方式，能够揭开设计起源的根本。

在很多事情都是动动手指就能完成的当下，用户体验早就是设计考虑的首要因素。作为人居环境重要的载体，景观不仅肩负着对环境的责任，也是营建人居环境的基础。研究人们如何感知景观、了解景观，是设计者首先需要考虑的问题，也是摆脱自我命题式的设计方法，避免流水线作业的行业模式的途径。希望书中的内容对苦恼的设计师、困惑的在校生和其他感兴趣的人有所帮助，哪怕是某个细微案例促发了设计思维的点滴改变，也是一件值得欣慰的事，也是本书出版的价值所在。

本书在博士论文的基础上进行了调整，并增补了部分新的内容。书中的内容存在不足之处，有待在今后的研究中进行拓展和完善。因此，笔者诚恳希望能够与同仁和读者进行讨论，得到指教与帮助。

余　洋

2015 年 10 月

目　　录

第1章　绪　　论

景观，对社会生活的意义越来越重要。它既不只是小群体的独特需求，也不仅仅是建筑和空间群体的形态美化，作为改善和修复环境的重要手段，它是人们面对自然的生存状态。在我国近期的发展中，景观成为功效性较强的视觉化艺术，以高视觉性、低技术性和易操作性的特征，迅速成为提升城市及其周边地区品质的途径，拥有广阔的发展前景。

1.1 景观体验的意义

景观的内涵和外延都非常丰富，涉及多个学科门类，参与景观设计的专业人士也来自于多个领域，包括园林设计师、环境艺术工作者、雕塑家、建筑师、规划师、水资源治理专家、林业专家、生态学家等。这使景观逐渐呈现出两个发展方向：一是面向视觉化的景观形态趋势；一是面向技术化的景观生态趋势。这两个方向在消费社会和景观都市主义的催化下，成为了景观现象的两个重要因素，彼此相伴相随。

在消费社会的背景下，强调视觉效果的趋势使景观的视觉形象像商品一样被到处复制和贩卖：从深山移植入城的大树，是人们对“自然”概念的视觉消费；从异域移植过来的欧陆风情，是人们对“文化”概念的经济消费。在这些景观消费的过程中，人被视为消费的对象，景观被视为消费的内容。然而，从人类最初的居所到古典园林的千年传承，景观研究的范围始终没有脱离以人为核心的领域，个体的人和作为群体的公众才是实现景观的根源。作为生活和生存环境的景观是人与自然和谐共处的方式，人的感知和体验才是制约景观的关键。对自然生活的渴望，使景观除了具有漂亮优美的自然形式，还应该是小动物和昆虫的乐园；对健康生活的体验，使人们舍弃了气派而空旷的广场，而选择人群聚集的社区场地进行活动。在真实的、鲜活的景观中，边弹边唱的时尚青年、活力四射的健身老者、散步纳凉的悠闲人群，才是景观满足人们内心需求的表现。这些看似随意的自由活动，恰恰是景观场景与景观体验相互契合的结果，而不是由景观形式带来的聚合。

景观都市主义曾被视为拯救城市中心复兴的良药，对城市棕地的修复和城市基础设施的建设都起到了重要的作用。它所倡导的生态技术和将自然过程作为设计形式等内容，使生态技术与城市景观有了更紧密的结合。但景观不是绿化堆砌的代名词，在树林中的穿行，在树荫下的聚会，这些充满生活气息的场景才是景观存在的内涵。相较而言，排斥人类活动的生态修复环境，由于可达性较弱，造成人们对其生态过程的体验缺失。

体验缺失的现象还发生在其他的景观类型中。比如以文化历史为主题的景观项目，修复和更新的主要目的是营建具有历史氛围的仿古建筑和街道，但商业化的冲击使这里成为旅游品和餐饮娱乐业的天下，景观体验只能在建筑外形和历史符号之间游移。人们来到这里，除了举举相机、掏掏钱包外，似乎没有其他的活动。来访者既看不到与日常不同的生活模式，也感受不到原汁原味的历史景象。视觉形象和商业消费压缩着人们对历史文化的认知，简化着人们对景观内涵的探求，造成了体验缺失的窘境。

在强大的视觉冲击下，景观创新总是围绕在新颖的景观风格和形式的周围。尤其在全球化的背景下，资料的快速共享使那些具有鲜明形式特征的景观得到更快速的传播，成为景观项目成功与否的准绳。那些充溢着小鸟鸣叫和孩子嬉戏之声的体验，在漂亮的手绘图和电子效果图的面前，由于难以表达而被忽视。图片或照片中表现完美的景观可以被记忆、被欣赏，却无法替代身体在运动过程中，景观诉诸感官的心理变化和美感认知。景观信息与体验者的文化背景、心理期待、个人经历、宗教信仰等内在信息发生碰撞与交融，二者的契合与重叠才能使体验者的情感得到释放，景观才可能从深处震撼体验者的心灵。所以，体验是抗拒视觉对景观强大干扰的有力支撑，也是防止景观成为视觉秀场的保证。

体验的缺失不仅表现在物态化的景观要素上，景观内涵的体验缺失也是需要直面的问题。程式化和肤浅的文化表达沦为猎奇式探索，不能使体验者感受到文化的魅力。文化拼贴带来的雷同和僵化，扼杀了体验的生成，难以令人感到欣喜和惊奇。在某些景观中，体验途径的畅通也是重要的体验环节。以丹麦的小美人鱼为例，如果参观者没有读过安徒生的童话，不知道这个美丽凄婉的故事，面对这座体量娇小的美人鱼雕塑，不会感到它有多么的独特。因为支撑其蜚声中外的动力是体验者对丹麦文化的欣赏和解读。人们体验的核心是丹麦的地域文化，而不仅仅是景观的外观。又如乡村路口缠绵着童年记忆的风水树，即使搬到城市中最大的广场之上，也无法勾起人们对故乡的怀念。

景观不是观赏，不是猎奇，它是从体验中生发，对主体有着特殊意义的历程，这就使景观中体验场景的塑造比景观形态具有更重要的价值。

1.2 景观体验理论概述

体验虽然是最常见的认知方式，但真正走入研究领域却是从哲学开始的。19 世纪，在狄尔泰的表述中出现了关于体验的解释，经过马克思、胡塞尔、海德格尔等人的研究，体验开始成为讨论的话题。在伽达默尔、柏格森、理查德·罗蒂、狄尔泰等人的努力下，证明体验是人类生存的基本方式。例如人们观察一幅画后所得到的整体感受，就是一个体验。生命存在就是生命体验，人在生活着、生存着，同时在体验着[1]。在 20 世纪 90 年代的中国，关于"体验"的研究在美学、文学批评、教育、旅游、产品设计等领域得到了广泛的关注，并将体验扩充到情感体验、审美体验、道德体验等方面[2-7]，并尝试将实证科学的方法应用到相关研究领域[8]。

苏联学者 Φ.E. 瓦西留克在《体验心理学》一书中首次提出了完整的体验心理学理论，他认为体验是人在适应威胁性生活情境下的一种特殊活动[9]。马斯洛在其人本心理学理论中，把体验看作"内心体验"，最高实现目标是"高峰体验[10]"。超个人心理学关注的体验是日常生活中神圣化的、最高知觉的"神秘体验[11]"。情绪心理学把感受和体验当作同一的心理现象加以描述，认为个人的内心感受不是单一的视听作用，而是各种感官共同作用产生的综合效应，是主体对客体的整体把握[12]。

在经济学领域，19 世纪末出现了新的经济类型——体验经济，将体验作为消费者购买的目标。体验已不仅仅是人的内心活动，而是一种有形的消费品。《体验经济》中列举了一个有趣的例子。当人们由自己做蛋糕向买生日蛋糕发展时，其行为被称为消费经济；当人们带着朋友在农场里经历了农庄式的生日宴会后，其行为被称为体验经济。体验（experience）就是指人们以个性化的方式度过的一段时间，及在此过程中获得的美好体验与回忆[13]。

1.2.1 关于建筑与体验的场所精神

拉斯姆森（S.E.Rasmussen）在《建筑体验》一书中讨论了建筑给人的不同感觉，包括柔软、塑性、软硬、轻重等。在对建筑实体和空间形态的体验中，建筑的特色被充分的发现和认识，场所的特征被充分展现和感知。建筑的体验延续和增强了场所的生命与活力，在文章的最后，通过对"聆听建筑"的现象分析，深入讨论了建筑形式受声学影响的有趣现象[14]。

诺伯格·舒尔茨（Norherg Schulz）从现象学的角度解释了建筑与空间体验的关系。在《存在·空间·建筑》与《场所精神》中，他认为"场所精神""存在空间"是一种集体无意识的体验结果，这种集体无意识来源于文化因子的作用。使用者往往从自身角度，将空间场所的要素及其背后隐藏的意义与人文精神作为一个整体去体验和考虑[15]。

汤姆生 · T －爱文森（Thomas Thiis-Evensen）在舒尔茨的理论上，进一步从建筑形体要素，如地面、墙体、色彩、屋顶等词汇中图解了建筑的体验类型。他的建筑体验过于侧重身体体验的生理反应，没有体现文化因素的作用。

2007年同济大学陆邵明博士出版了《建筑体验——空间中的情节》一书，该书从空间体验的深层心理学角度，揭示了人对于场所的体验与感悟。书中通过建筑空间与戏剧艺术叙事和内容组织安排的类比研究，从人们的感知和体验角度研究了城镇、建筑和园林空间。论著重点探讨了“空间情节”对空间体验的作用，认为空间情节的内涵和结构均源于生活体验，并面向生活体验的参与[16]。

沈克宁在《建筑现象学》中，从存在现象学和知觉现象学这两个研究领域进行探讨。从海德格尔的场所论，到梅洛－庞迪的知觉论，作者分别论述了建筑的场所与生活世界的关系以及建筑知觉与生活体验的关系，并从视觉、听觉、触觉等方面论述了建筑中综合的知觉与整体的体验[17]。在彭怒等人主编的《现象学与建筑的对话》中，围绕现象学和建筑进行了一系列的讨论，其中“建筑中的现象学思考”部分，论及了体验、记忆、空间、场所之间的内在关系[18]。

1.2.2 关于规划与体验的有机和谐

约翰 · 奥姆斯比 · 西蒙兹（John Ormsbee Simonds）对景观设计学有着巨大的影响。他认为“人们规划的不是场所、不是空间、不是形体；人们规划的是一种体验——首先是确定的用途或体验，其次才是对形式的有意识的设计，以实现希望达到的效果[19]”。他将体验与形式的关系比喻为美丽的鹦鹉螺外壳与鹦鹉螺的关系，认为只有活着的鹦鹉螺才能真正理解其外形的含义。同样，场所空间形态是根据体验所进行的规划和设计。因此，公路应是一种运动的体验，社区应是一种最佳生活的体验，城市被构思为生活方式与自然要素、构筑要素联系起来的有机环境。

1.2.3 关于景观与体验的诗意花园

地理学教授杰伊 · 阿普尔顿在瞭望与避难理论中提出景观体验的美感来源于景观观

察和躲避之间的关系变化，这种关系是远古人生存的本能。理想的景观模型是有着良好视野的，并在远处有良好视觉中心点的景观。他认为人们喜欢宽阔的并且可以遮蔽的场所，对于缺乏遮蔽的开放空间则有一种不安全的感觉[20]。

环境心理学者卡普兰夫妇认为景观美感来源于信息的获取。美的景观应该具有一定的复杂性、一致性、可读性和神秘性。理想的景观模型是容易解读的空旷场景和包含某种神秘元素的场景。在这里，四个特性成为相互对立的两组概念，即有限的复杂是景观良好的特征，可解读的神秘感比直接展示更令人喜爱[21]。

英国景观建筑师杰弗里·杰里科受“精神分析”学派的深刻影响，在创作中充满了“荣格式”的潜意识印迹。他经常从神秘主义画家克利的作品中获得启迪，使他的景观显示出超现实主义的特点，神秘的鱼形池塘和小岛、弯曲的水道、不规则的花坛……这些梦幻般的场景使他的设计简洁而富有象征性。目前，荣格心理学的许多成果被景观建筑理论家和景观建筑师所接受和应用。

美国人卡尔文在《景观体验》中认为景观与建筑在对环境的建构上有着根本的区别。建筑通常运用人工的，基于结构性的静态材料构筑环境；而景观通常运用开放的、室外的、动态（常变）的材料建构环境，两者在尺度等方面也有区别。该书在内在体验和外在形式之间建立了清晰而完整的联系。

在中国传统园林的研究中，“可行、可望、可游、可居”一直是园林特有的艺术品质，它试图寻找山水之间、山水与人之间“天人合一”的精神联系，并通过这种方式获得生命的愉悦和慰藉。这个过程已经不能用静观或动观的方式来解释，它是居住者在不同时间、不同地点，甚至是不同生命历程下的体验表达。这种体验使生活与艺术难以区分，“境生象外”“返璞归真”等景观命题都为这种体验提供了具体的途径。园林中的诗情画意集合了书法、绘画、建筑等多种艺术形式，通过对事物内在关联的体察而超越了空间的限制，触动着人们敏感的心灵。

1.2.4 关于景观体验的理论空白

在国内外的研究中，从建筑的场所精神、规划中美丽的鹦鹉螺到景观中潜意识的花园，研究者都关注到了体验的内涵。这与以往将体验与形式和空间紧密相连的方式不同，体验被解释为一种活动而不是视知觉的存在。然而，体验是具有整合性质的过程，既不是单个要素的简单叠加，也不能像空间一样被明确划分，更不能像空间一样并列设置，在如何整合空间体验和塑造具有体验内涵的景观场景等方面，前人并未提出具体的办法。

1.3 景观体验研究的核心

以体验为核心进行景观规律的研究，目的是探求不同景观场景与体验之间的关系，为确定景观的最终形态提供依据和帮助。体验研究是对过程的研究，而不是对某个现象的研究；是对人在景观中活动方式和方法的研究，而不是对景观静态形式和空间的研究。研究的主体和重点是景观与活动者之间的互动过程，即揭示景观形式和空间与景观活动之间的内在规律，研究的范围和主体始终围绕“活动者”展开。

景观体验研究力图论证作为景观本体——“体验”的存在性、合理性和重要性，强调“景观体验”是景观创作和接受的必要途径和手段。在以“人”为核心的研究体系中，将景观中的活动者分为进行独立活动的个体和具有趋同体验的群体，将景观体验的规律从微观的个体感知推向宏观的社会认同，并将体验的规律纳入到不同的景观场景类型中进行验证和应用。希冀能打破景观物化形态（形式与空间）认知对景观体验的遮蔽，拓展景观研究和设计的理论视野，调整景观设计的实践着力点，丰富景观学科建设的内容。研究还从设计实践的视界，在工程实践中尝试运用体验的方式进行设计，用以检验理论在实践中应用的结果。

第2章　景观体验的理论建构

景观体验是个过程，在这个过程中，体验者和体验对象相互融合。体验者对景观有所感悟，景观则被赋予人格化的迹象。人与景观之间的互动关系，成为体验生发的温床。在人文因素的影响下，体验还可以插上“想象”的翅膀，超越当下的感官体验。这个想象的过程是无意识的，是人们在移情的作用下，把对景象的体验投射在情结之上的结果。因此，体验既是人们的主动选择和参与，也是在无意识状态下的被动接受和安排。这个规律为设计师提供了可能的空间，即通过体验的方式，使预先设定的效果为人们所认同。

2.1 景观体验的概念解析

景观体验的概念由景观和体验两个词汇构成，概念的核心是人对景观的体验，所以，作为体验的对象——景观，需要做明确的解释。

2.1.1 景观的概念界定

景观是由“景”和“观”两个字组成的复合词，在《说文解字》里，是仔细看日光下景色的意思，后来才引申为具有“景象”“景致”“场景”之义。“景观”和“观景”是互补的一组词汇，并显现了“景”被人所“观”的原始功能，也揭示了“景”与“人”之间的特殊关系。既然有“观”，就会有“体”、有“思”，中国人的景观体验具有“思辨”的特点，也造就了中国古典园林在趣味和意境上的特殊追求。

在西方，16 世纪的“景观”主要是绘画的专门用语，意义基本上等同于“风景”与“景色”。17—18 世纪，园林设计师开始将“景观”一词用于描述建筑与自然环境共同构成的整体景象。到了 19 世纪初，“景观”的内涵逐渐具有综合地表可见景象和限定特殊区域的双重含义，并开始运用科学的手段对其进行研究[22]。

20 世纪初，德国兴起景观地理学，景观被认为是由陆地圈和生物圈组成的、相互作用的系统，对景观形态和分类进行的研究形成了城市景观、空间景观等概念[23]。在文化地理学中，美国的伯克利（Berkeley）学派认为“文化是营力，自然区是媒介，文化景观就是结果[24]”，将文化景观作为与自然景观并重的研究核心。在随后兴起的相关研究中，景观从景观地理学中分离出来，形成景观生态学，研究以景观基质、斑块、空间镶嵌体、廊道为构成要素的景观模型。由于文化景观的广阔含义，后来的景观生态学加强了文化与景观相互关系的研究。美国纳索尔（J.I.Nassauer）提出“景观外貌反映文化准则[25]”的概念，认为人的景观感知和准则作用于景观，也受到景观的影响。

无论在东方还是在西方，景观都是一个内涵领域宽泛、多学科研究的对象，归结起来主要集中在视觉领域、地理学领域和生态学领域三个方面。在视觉领域中，景观是风景诗、风景画及风景园林学科的研究对象。艺术家把景观作为审美层次的表现与再现，建筑师把景观作为与建筑物匹配的整体环境，旅游学家把景观当作资源。在地理学领域，景观是地表景象、综合自然地理区域一种类型单位的科学名词，如城市景观、草原景观、森林景观、海洋景观等等[26]。在生态学领域，景观既是生态系统的能量流和物质循环的载体，又是社会精神文化系统的信息源。人类不断从景观中获得各种信息，再经过其智力的加工而形成丰富的社会精神文化。

本书从现象学和心理学的角度出发，将景观作为人类与自然交流与作用的结果，既包括人对自然改造的视觉形象，也包括人在景观中的活动内容，是自然生态景观和人文活动景观的集合。在这个集合中，"人—地"关系与"人—人"关系形成了景观的动态内涵，也为体验的凸显提供了空间。

2.1.2 体验的概念辨析

体验 (Experience) 的词源来自拉丁语的 Experior，通常指非理性的、由感知得来的信息。它最初的构成来源于"经历"，并经常出现在旅行和人物传记中。

2.1.2.1 体验与经历、经验的辨析

体验来源于经历，在意义上与其既相近又不同。在经历中，人们对事物的认识和体会，是通过亲身感受获得的，这种直接的接触方式，使人们把握到了更为实在的内容[27]。其获得的结果就是经验，经验是指人的生物性或社会性的阅历。在经历的过程中，人既可以获得知识和常识，又可以获得某种感受。通常意义上，这种感受对主体有着深刻的意义，并在主体的记忆中占有较重要的位置，这就是体验。所以体验和经验是从经历中派生和拆解出来的互相交融的两个结果，经验是客观的，而体验是主观的。体验还带有叙事性的特点，它将一系列的感受从主体的角度出发进行串联，形成具有情节的过程性事件（图 2.1.1）。

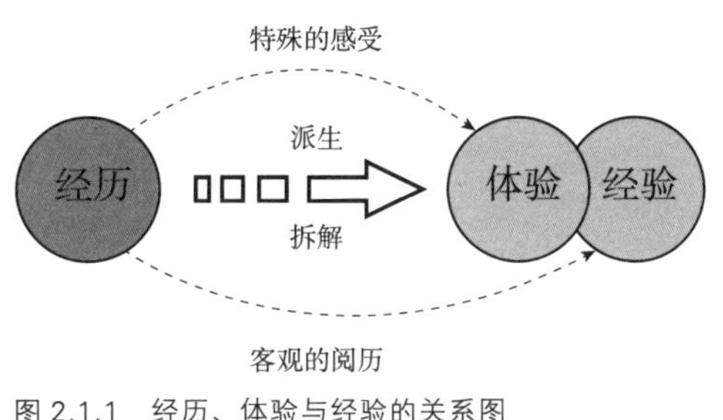

图 2.1.1　经历、体验与经验的关系图

在德国城市海德堡有一条世人皆知的地方，这就是位于尼卡河北岸山丘上的“哲学家小径”（图 2.1.2）。历史上许多诗人、哲学家曾经常在这里散步和思考。在此追寻前人的足迹，后人又在这里追寻他们的足迹。作为散步路径，它可以是在风景如画的自然中美妙的行走历程。但到这里徘徊的游人，总是不由自主地在小路上追思和寻找黑格尔、歌德、舒曼、伽达默尔、海德格尔等人的足迹，期待在行走的过程中获得与众不同的感受。这样的行走就变成了一次体验，一次对主体有意义、有价值的体验。这就可以解释，为什么一块朴素的石碑就能够令人在这条“欧洲最美丽的散步场所”中无限遐思，一个舒适的座椅就能够使人在这里不忍离去。在对这些简单的景观元素的认知中，人们糅杂了从主观意愿中派生出来的美好愿望，它们的最终指向是人们对伟人倾慕和追寻的价值世界。对意义和价值的领悟带来了体验者情绪和情感上的变化，使简单的行走演变成为直指内心的历史追思，并在以后的岁月中反复进行回味和品评。

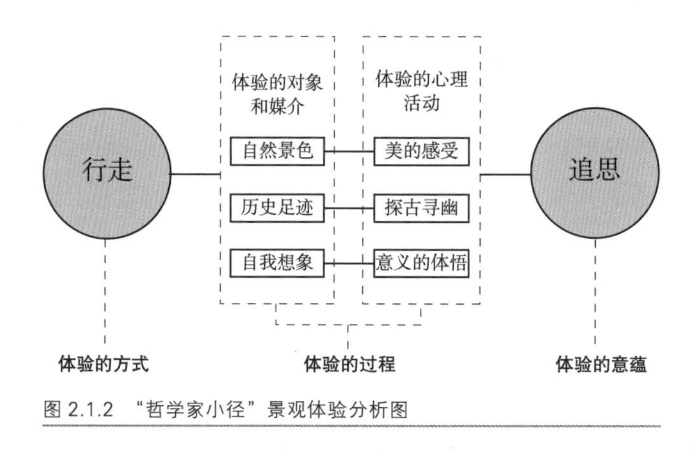

图 2.1.2 “哲学家小径”景观体验分析图

所以，体验的基础是经验，经验的升华是体验，体验比经验的概念和内涵要更加丰富和宽泛。能够令人获得深刻体验的景观，是对已有经验描述的突破，只有这样，才能使经验插上想象的翅膀进入到体验的范畴中来。圣 · 加勒的城市公共空间以“客厅”为主题，用红色的橡胶颗粒塑造了室外的公共客厅，地面、桌椅和公共设备犹如被包裹一般被相同的材质所覆盖。传统的公共空间形象被颠覆，休闲区、步行区和交通空间之间的界限变得模糊，寻常的经验在这里无法寻觅。这是一种超乎想象的体验，令来到这里的人们感到有趣并亲切（图 2.1.3）。

（a）红色成为空间的主题

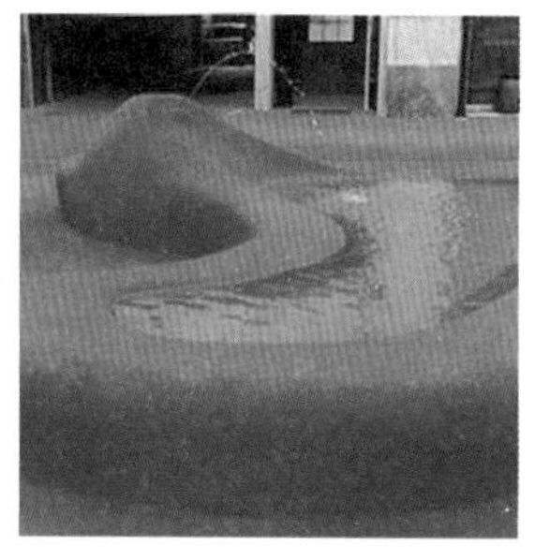

（b）空间细部

（c）休闲的人群

图 2.1.3　圣·加勒的城市公共空间——“客厅”

2.1.2.2　体验的几种解说

体验的概念在发展中经历了几个阶段，许多人都给体验下了不同的定义（表 2.1.1）。

表 2.1.1　体验的几种解说

内容	研究者	核心思想
生命说	狄尔泰	体验是生命从生到死的总和[28，29]
直觉说	柏格森	体验是心智对对象的直觉[30]
意向说	胡塞尔	体验是认识的一种意向关系[31]
沉思说	海德格尔	体验是“思”存在的前提[32]
解释说	伽达默尔	体验是欣赏式的理解[33]
活动说	哈里森、斯本兹	体验是参与者活动及反应的总和[34]
关联说	施密特	体验是有意识的东西[35]

由表 2.1.1 可以看出，狄尔泰从哲学角度解释了体验对生命状态的蕴含；柏格森认为体验与直觉，尤其是与心灵直觉有着直接契合的关系；胡塞尔从现象学出发，指出事物在体验中构造着自身，而不是体现自己；海德格尔认为存在者经由沉思体验而存在；伽达默尔直接指出，体验中的事物就是生命的感知，体验艺术是真正的艺术。这些结论在景观体验的过程中，均以不同的景观现象体现出来。

2.1.3　体验与景观

景观体验可谓人们对景观认知的一种本能。身体通过不断地移动来感知环境，当同等的生命力量反馈回来时，就会直接震撼人的心灵，这就是体验“以身体之、以心验之”

的过程。在荒野景观中，人们面对大自然的鬼斧神工，对生命产生无限的敬畏，这是人的生命与自然的生命相融的体验（图 2.1.4 和图 2.1.5）。

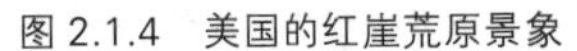

图 2.1.4　美国的红崖荒原景象

图 2.1.5　新西兰的荒野丘陵

身体与景观的相遇往往被认为是从眼睛开始的，但如果闭上双眼，景观给人的触动依然存在，手脚、耳朵、皮肤等身体的每一个部分都可以从景观中获得信息。从踏进景观的那一刻起，那些来自脚底的舒适的、粗糙的或柔软的感觉，伴随着青草的芳香和拂面而过的清风，使身体与景观之间实现了零距离的接触。这些身体的感知在想象和联想的激发下，变得富有意义。在圣卡西安诺时光园艺花园中，设计师安排了新的视角，让参观者与寻常的景观进行接触，所有的参与者都在行动中与环境融为了一体。当身体与植物、空气接触时，植物的芳香和麦田的味道让人们对资源、空间和时间进行了重新的思考。每个人的思考结果都不尽相同，从而使这次超出常规的景观体验变得具有特殊的意义（图 2.1.6）。

（a）人与自然零距离的接触

（b）新的视角使寻常的田野也变得赋有意义

图 2.1.6　圣卡西安诺时光园艺花园

体验连接了身体和想象之间的距离，使景观空间获得了可以被无限放大的可能。这些来源于身体的景观感知，在文化、信仰等标准的衡量中，使形象具有了特殊的意义，被具有相同背景的体验者在无意识之中接受，这就是景观的社会认同。在某些情况下，景观的社会认同会超越民族的界限，引起所有人的共鸣。圣·潘克拉斯公墓位于法国马丁市的海角上，眺望着大海。它抛却了传统的公墓形式，在坡地上营造了一处层层退叠的空间。沿着蜿蜒的小径，人们穿行在一系列的方形框架中，由白色石材覆盖的墙体没有一丝多余的装饰。这里安静而典雅，既没有逝去时浓重的悲凉，也没有世俗中喧闹的拥挤。开阔的视野，静谧的氛围，蓝天白云之下的场所精神，超越了所有的民族语言，使每一个来到这里的人们都会感到生命的神秘与永恒（图 2.1.7）。

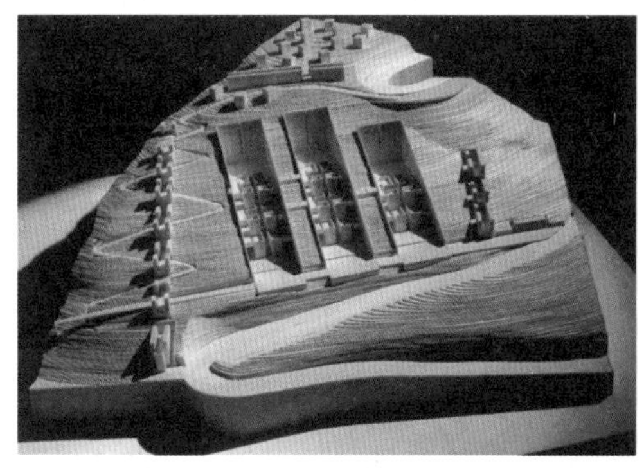

（a）公墓模型

（b）阶梯

（c）纪念空间

图 2.1.7　圣·潘克拉斯公墓

2.2　景观体验的类型

如果我们将景观体验按照体验主体与体验客体二元法的方式进行研究，就可以清晰地发现各自的特点。

2.2.1　体验主体的分类

2.2.1.1　主动体验与被动体验

按人的意愿划分，体验可分为主动体验与被动体验。主动体验是人们根据自己的意愿有意识、有目的地去体验，也称自主性体验、创造性体验和积极体验。被动体验是人们在外在因素的控制下进行的体验，也称依赖性体验、接受性体验和消极体验。在公园中，游客行走的路线和游玩的内容均由设计师预先规划和设计，多数人会按照既定的路线行走和观赏，这是一种隐含状态下的被动体验。但是，体验者可以自由选择在每一处景观停留的时间和进行的活动，如在公园中过生日或者进行集会，就会使这里的景观对体验者产生特殊的意义。

2.2.1.2 直接体验与间接体验

根据人们是否亲身经历景观及其场景的情况，可分为直接体验与间接体验。直接体验，是人们亲身经历过的事件，间接体验来源于旁观角度的思考和触动。在游乐场的娱乐设施中，坐在凌霄飞车上的体验者与在地面上的旁观者对极限体验的认知有着本质上的区别。直接体验与间接体验之间的距离为人们的想象留出了充裕的空间，使景观形象充满动态的变化，也使直接体验与间接体验之间存在着相互转换的可能。在参观人数较多的苏州拙政园中，密集的人群使园林失去了原有的尺度，参观者即使来到了园林之中，也难以体验到真正的园林艺术。反之，在参观人数较少的时节，体宜精致的园林散发出原本典雅静谧的气质，即使参观者不能回到真实的历史情境之中，也会被园林的魅力深深地打动（图 2.2.1）。直接体验和间接体验之间的距离为景观情境的存在提供了可能，也为景观主题的再现提供了契机。

（a）游客密集的拙政园

（b）人群散去后的拙政园

图 2.2.1　苏州拙政园

2.2.1.3 内心体验与行动体验

依照活动的不同方式，体验可分为内心体验和行动体验。内心体验是体验者内心的活动变化，它通过景观信息的暗示和诱导，使体验者关注心灵的境界，进入到相对封闭的自我体验状态，这种体验的阈值极限就是马斯洛所说的“高峰体验”。在日本的禅宗园林中，景观的静态观赏是空间最明显的特征，石组、池塘、树篱等都是可以引景入心的元素。通过对内心的关照，周边景象从外在的“画境”升华为内心中的“意境”，充满智慧的体验过程，使心灵获得成长（图 2.2.2）。

（a）通过自然元素体悟人生意义

（b）静观式的禅宗庭院适合进行内心体验

图 2.2.2　日本园林景观

行动体验与内心体验不同，它不仅是人们动态的活动体验，还是建立在人与自然、人与社会、人与人等多重关系之上的具有人类道德规范意义的体验。它面向社会生活，在获取知识和阅历的基础上，追求美好的生活。德国杜伊斯堡公园就是在城市棕地上重新焕发活力的场所。大量废弃的工业设施被改造成了攀爬墙、瞭望塔和空中步道，高度污染的土地也洒下了各种植物的种子。在不断地探索和植物恣意地生长中，公园的面貌逐年发生了变化，当幼苗成长为大树之时，这里也重新找回了当年的生机（图 2.2.3 ）。同样，在改造后的西雅图煤气公园中，提前枯黄的草场告诉人们，这里的土地曾经遭受过什么样的污染，大自然的警告提示人们对环境保护应予以重视（图 2.2.4）。

图 2.2.3　德国杜伊斯堡公园

图 2.2.4　美国西雅图煤气公园

2.2.2　景观客体的角度分类

按景观中参与和融入的方式，分为娱乐体验、教育体验、遁世体验和美学体验。美国学者 B · 约瑟夫 · 派恩和詹姆斯 · H · 吉尔摩认为参与和融入是体验最重要的两个方面[36]。在图 2.2.5 中，横轴表示参与的程度，纵轴表示融入的程度。横轴的右端代表消极被动的参与者，另一端代表积极主动的参与者，消极的参与者不影响事件发生，保持观众或听众的身份，积极的参与者因为能够改变和影响事件而获得不同的体验。纵轴描述了人与事件之间的关系，上端的沉浸状态，使人走进事件发展的过程，下端的吸取状态，表示人可以从事件中获益。不同状态的组合将体验区分为四类——娱乐 (entertainment) 体验、审美 (esthericism) 体验、教育 (education) 体验和遁世 (escape) 体验。

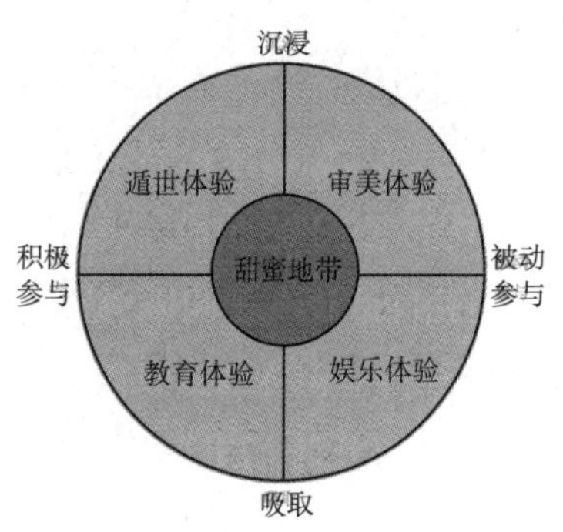

图 2.2.5　娱乐体验、教育体验、审美体验和遁世体验结构图

2.2.2.1　娱乐体验

娱乐体验是景观体验的第一层次，是体验者被动吸收景观信息而获得的愉悦感受。公园里的游船、脚踏车、旋转木马等娱乐设施令人感到愉快，可以晒太阳和奔跑的草坪也令人感到快乐，这种体验不需要内心的主动参与和外界环境的积极表现，人们的愉悦仅仅是体验的基本反应。在西安大唐芙蓉园内，游客坐在书案的另一端，形成了与雕塑人物之间的互动，简单的角色扮演获得的是单纯的快乐（图 2.2.6）。

2.2.2.2 审美体验

审美体验也是受到景观被动影响的体验方式，个人沉浸在景观中，既不参与景观的形成，也不会对景观产生任何影响，但内心的感受要比娱乐体验复杂和强烈，属于体验的第二层次。令人获得审美体验的景观需要外部环境的积极表现才能够打动人心，使体验者沉浸其中，体现了体验对环境的依赖性，如壮观的峡谷、奔腾的瀑布等壮美的自然景观（图 2.2.7）。

图 2.2.6 游客与雕塑的娱乐性互动

图 2.2.7 陕西宜川黄河壶口景区

2.2.2.3 教育体验

教育体验需要个人的积极参与，才能在事件发生的过程中获取知识。它与娱乐体验不同，在娱乐体验中人们被动地受到吸引，而在教育体验中，只有积极参与，体验者才能获取景观的信息。如西安大唐芙蓉园中的游客需要阅读唐诗峡石刻上的诗词，才能获得对唐朝文化的体验，匆匆而过的游客不会真正感受到诗词的魅力（图 2.2.8）。教育体验属于体验的第三层次，对体验者的主体意识具有较强的依赖性，如果体验者不能积极投入到活动中，则景观的信息不会对主体发生影响和作用。

2.2.2.4 遁世体验

遁世体验要比娱乐体验和教育体验更加令人沉迷，它与娱乐体验截然相反，逃避者完全沉溺其中，积极参与体验的营造过程。无论是主题乐园为游客渲染的梦幻主题，还是隐遁者构筑的桃源世界，都是对日常生活场景的回避。遁世体验属于体验的第四层次，既需要体验主体的积极参与，也需要景观环境的积极表现。遁世体验营造的景观环境在日常生活中往往难觅踪影，其景观主题也独立于生存范畴之外，使体验者暂时离开了日常的生活，在虚幻的世界中尽情游玩（图2.2.9）。

图 2.2.8　西安大唐芙蓉园

图 2.2.9　东京迪斯尼乐园

2.2.2.5　综合体验

娱乐体验可以获得快乐，审美体验可以感受到自然的魅力，教育体验可以学习知识，遁世体验满足了人们的幻想，而“最丰富的体验包含所有四个类型中的每一个部分，这四个领域是以处于框架中央的‘甜美的亮点’为中心的[36]”。这个亮点就是将四种体验进行不同组合的综合体。

古斯塔夫森在法国泰拉松的想象之园中，建造了一个由许多小花园组成的大花园，每个小花园都代表一种文化类型，借助建筑的、景观的元素传达历史的信息。参观的游客不仅可以学习来自文化的、自然的知识，那些神秘的、漂浮在树木之间的金色飘带还引导着人们开始一段梦幻之旅。不时出现在人们面前的溪水，仿佛跳跃的精灵，使花园呈现出一种野性的、未经驯化的原始美。当人们穿过渗透着光影的橡树林，来到拱形的小剧场时，自然的力量已经渗透到每个人的内心。这些不同体验方式的糅合使人们在离开想象之园时，既好像学到了什么，也好像寻回了失落的记忆（图 2.2.10）。

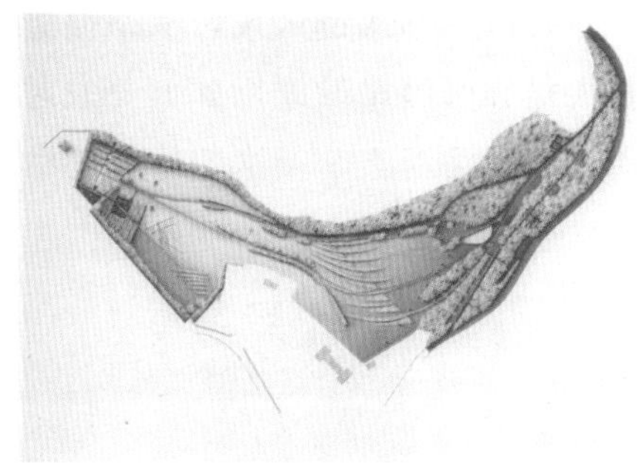

（a）总平面图

（b）植物温室

（c）树林中的水梯

（d）草坪上的水景

（e）光影斑驳的树林

（f）拱形的小剧场

图 2.2.10　泰拉松的想象之园

2.3　景观体验的特点

体验围绕着人与景观的互动展开，参与的过程犹如阅读一部用景观书写的文学作品，人们进入到预设的景观情境当中，遵循着设计师的安排，逐步明了景观的主题和内涵。体验的结果并不是对景观细节的记忆，而是整合景观片段后的整体认知和判断，评价的结果会自觉成为下一次景观体验的衡量标准。

2.3.1　互动参与性

如果某处景观引起了你的注意，那么你和景观的交流就已经在无意识的状态下开始了。图 2.3.1 是沈阳建筑大学校园内的车行道，凸凹不平的青石为通行的人们带来不同的体验。如果你是开学返校的学生，这样的道路无疑增加了拖拽拉杆箱的难度；如果穿着高跟鞋路过，这样的道路需要小心谨慎地行走；如果你必须开车经过，在忍受颠簸的同时，还必须忍受刺耳的噪音。然而，对于缓行散步的人群来说，从路面肌理中透露出的沧桑和稳重无疑具有视觉上的诱惑力。无论你对道路的评价如何，它对所有感官发出的信号都被途经的使用者所接收，在踏上平整路面之时，这些体验的结果会更加深刻。

（a）凸凹不平的道路

（b）道路细部

图 2.3.1　沈阳建筑大学校园内的车行道

体验是对互动信息的反馈，这就需要发出信息的景观具有一定的暗示性才能被人们所感知。在哈尔滨的春水公园中，“春水大典”的景观主题是展现女真部落在河边举行春季庆典时的盛景。以春游活动为内容的雕塑群散置在广场之中。最为有趣的是，在跳舞的组雕中有一双空置的靴子，人们可以登入其中，变换自己的身姿，与其他的雕塑共同组成跳舞的场景。当下的人变成了过往的人，无论体验者的动作是模仿历史，还是率性而为，都让参与者进行了一次奇妙的体验（图 2.3.2）。

（a）舞蹈的人像与空置的舞靴

（b）跳舞的体验者

图 2.3.2　哈尔滨春水公园景观

2.3.2 文本阅读性

所有体验环节的串联都是在景观线索的提示下，对景观主题的解读，这个主题既是设计的核心，也是设计的源头。在主题的指导下，景观形象的表达和景观空间的组织都有了具体而准确的依据，景观主题的明晰和强化成为景观体验中最具趣味性的过程。斯洛文尼亚 Maister 将军纪念公园讲述了一个战争的故事，将军带领着自己的部队在崇山峻岭中艰难地完成着使命。小公园内波折起伏的地形隐喻着边界的山脉，由金属丝制作的线框雕塑再现了部队行进时的场景。座椅、垃圾桶、照明与块石形成的挡土墙巧妙地结合在一起，使公园显得简洁而自然（图 2.3.3）。

（a）通过场地隐喻地貌

（b）公园俯瞰

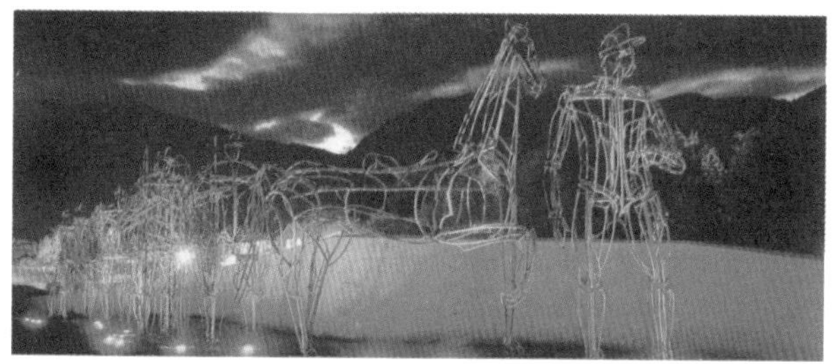

（c）通过雕塑再现战争的场景

图 2.3.3　Maister 将军纪念公园

依照不同的景观形态，阅读的主题可分为自然主题和人文主题（图 2.3.4）。自然主题的景观，体验的内容以自然原貌为主，重在让人们体验原生态的自然环境，如生态湿地、森林公园等特殊地貌的风景区。人文主题的景观体验，以人类文化为依托，展现历史风貌、地方特色、休闲娱乐、时代精神等内容。在某些著名的风景名胜区，人文要素已经逐渐与自然要素形成不可分割的一体。如庐山风景区的形成，就是在历史变迁中，由名人居住地与自然风景共同组成的景观，自然和人文的双重体验构成了庐山景观的特色。

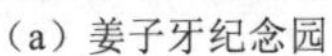

(a) 姜子牙纪念园

(b) 湿地公园

(c) 民俗杂技表演

图 2.3.4　体现不同主题的景观

景观线索的引导和暗示使体验的过程变得连续而流畅，有时，景观甚至不设置任何线索，鼓励人们自由选择体验的内容。在法国拉维莱特公园内，没有明显的景观线索暗示，赋含寓意的设计内容在有序的叠加后，体现了不明的结果和含混的意义，体验者在公园中随机地、自由地、主动地探索和追踪，增加了体验的趣味性。这时，具有文本作用的景观元素，如构筑物、雕塑、树木、小品等就具有了能指和所指的内涵，可以在更深的层面上展示更多的内容，增强了景观体验的层次，将体验从视知觉的过程导入到对意义的猜测和领悟。

2.3.3　递进延续性

体验的过程包括四个阶段，每个阶段都与自我意识紧密相连。首先是个体亲历阶段，即体验主体置身现场或模拟置身现场的感觉。在接下来的过程中，个体从景观中获取信息并生成相关的概念或最初的判断。第三个阶段是信息的比较和筛选，借助已有的经验和标准验证判断结果的有效性。最后是对体验结果的反思和升华，并形成新的经验存储在记忆中。在意识和无意识的作用下，显性的体验过程伴随着一个隐性的心理过程，两者共同组成了体验的递进演化（图 2.3.5），最终的结果在新的景观情境出现时作为判断的标准。这就使体验具有了一定的延续性，在初次体验结束后，能够通过记忆使体验再生。

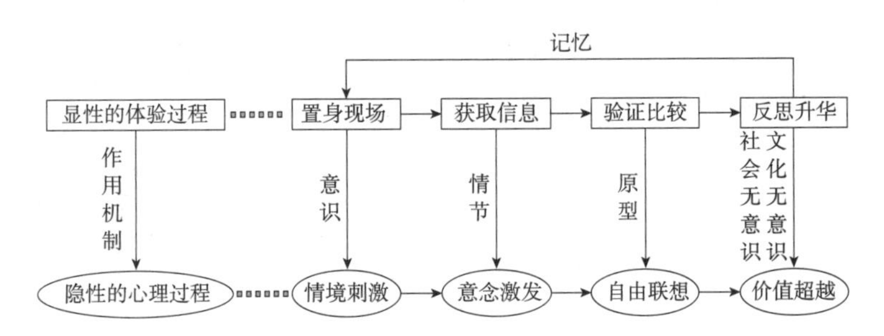

图 2.3.5　景观体验递进演化结构关系图

景观具有一定的生命力，这种力量不仅存在于不断生长的植物和动物身上，景观中的非生命体也会随着时间的变化而不断地改变。石块表面被风雨冲刷的痕迹，随着季节更替而消退暴涨的河流，都使景观在时空中呈现的不同面貌。澳大利亚奥林匹克公园的历史大道由各种颜色的玻璃排列而成，它不仅在夜晚拥有艳丽的风姿，还是历史的时间列表。公园中重大的体育赛事都会被记录在历史大道预留的青铜板上，阅读刻在板上的赛事简介是一件有趣而充满激情的事情。随着时间的流逝，大道会记录下更多的信息，人们的体验也会不断地延续（图 2.3.6）。

（a）历史大道鸟瞰

（b）夜色中的景观

（c）铜板上记载了赛事的信息

图 2.3.6 奥林匹克公园历史大道

2.3.4 简化整合性

体验的简化整合类似于心理学中的“鸡尾酒效应”，在宾众多的酒会上，个人能接触并获知对方谈话内容的只是少数人，对多数其他宾客的言行举止，都不会留下清楚的意识[37]。人们在对体验的回忆中，精华的部分总是被凸显，其他部分在无意识的作用下会被去除。除了照片能够提示被遗忘的细节外，被人深刻记忆的部分总是最打动人心的那一刻，这是因为体验遵循的是自身的逻辑判断之“理”，而不是景观之“理”。

景观的逻辑之“理”来自设计师创造的景观表象，尽管预先设定了一定的景观情境，但这个“理”独立存在。它为体验者提供了接触的机会，但不能完全代替体验者自身的感受。体验者的“理”来自个人的逻辑判断，是个人的感知和动机在个体无意识积累的经验之上，被“集体无意识”梳理和组织的结果，并呈现出自身特有的秩序和构架。两个“理”在体验过程中相互碰撞，相互交流。如果景观之理与体验者之理无法相容，则景观虽美，却“物我相隔”，不能获得体验者的认同。

如果景观之理与体验者之理结构相同或相似，则景观与体验者可以达到心灵的沟通和交融，即使是最普通的景观，也能达到“物我同一”。“在确定土地和水的布局之后，要回忆你所知道的漂亮的地方。然后，在选定的地方让回忆说话，把最感人的东西融入自己的构建之中[38]”，这是一位日本造园师对园林创作的建议，就是把自己体验过的，符合体验者之理和景观之理的部分作为设计来源和依据（图 2.3.7）。

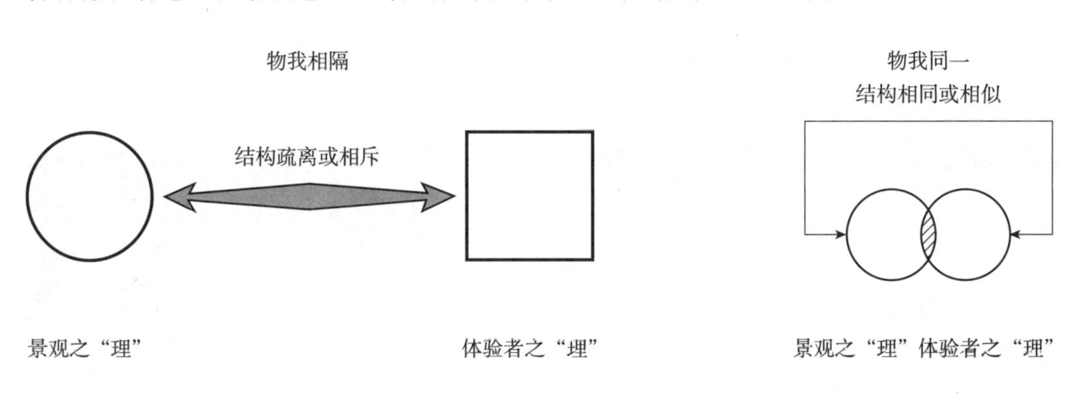

图 2.3.7　景观与体验者关系示意图

两种“理”在不同的景观类型中，作用的机制也不尽相同。在城市景观中，体验者之理高于景观之理，景观建设的目的是为了营造最适宜生存的环境，景观空间和情境的塑造依附于体验者的感知和动机；在乡土景观中，景观之理与体验者之理协调共生。作为第二自然的存在，人们以顺应自然的方式实现了生存的需要；在荒野景观中，景观之理超越体验者之理，场所是为体验者能够更好地融入自然所提供的体验空间。人们来到这里，不是为了满足生存的需要，而是期待发现自然的真谛和与日常生活的不同。无论哪种景观类型，体验中的闪光点仍然是体验者之理与景观之理相互契合的部分，也就是简化整合后的重叠部分（图 2.3.8）。

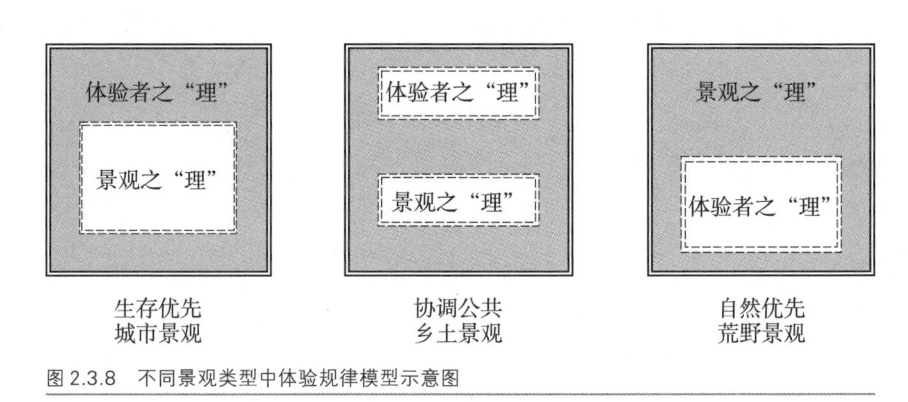

图 2.3.8　不同景观类型中体验规律模型示意图

2.4 景观体验中的无意识

体验者的感知和动机来源于体验者的意识。分析心理学的研究表明人们能够感知到的意识只是全部意识的一小部分，潜藏在意识之下的无意识才是影响巨大的动因。

2.4.1 景观感知的无意识现象

意识(consciousness)是一个包括多种概念的集合名词,指个人运用感觉、知觉、思考、记忆等心理活动，对自己的身心状态（内在的）与环境中人、事、物变化（外在的）的综合觉察与认识[37]。在精神分析学派的研究当中，人的潜意识感受到的内容远远比能够意识到内容更为巨大，只不过被意识所压抑，很难被人们所感知。继弗洛伊德之后，荣格对潜意识进行了进一步的研究，并将心灵结构分为意识、个人无意识和集体无意识三个部分，并提出情结和原型理论。

杰里科首次将无意识理论应用在景观设计中，并认为景观是“一种将心灵融入自然环境中的活动”。在英国“肯尼迪纪念碑”的景观设计中，他选择在泰晤士河畔的坡地上建造纪念花园。由于纪念碑位于山腰，来访者必须途经一条小径才能到达。小径上的每一块石阶形状都不同，消隐了形象对体验者思考的干扰。对总统生前事迹的回忆，对总统遇刺的悲伤，对生命价值的思索都在行进途中徐徐展开。在到达朴素的石碑之前，人们已经沉浸在怀念的情绪之中，献上鲜花只是意味着纪念仪式的终结。绕过石碑，经过草地，坐在石凳上眺望泰晤士河与广阔的原野，参观者慢慢平静着自己的心绪，回味着这次引人入胜的旅程。设计师希望参观者能够仅仅通过潜意识来理解朴实的景观，就好像经过一段从生死到灵魂的心路历程，感受从物质世界中看不到的深层含义（图 2.4.1）。

在这个作品中，小径中的行走是诱发个人情结感知的关键，“体验生命的存在”作为景观原型的核心，只有聚集了无数情感和情结之后，才能进入到意识层面。如果没有充足的力量突破意识的阻挠，体验者只能停留在对“英雄纪念”的初级层面，既不能真正唤起对英雄的崇敬之情，也不能从内心深处抒发纪念的情怀。

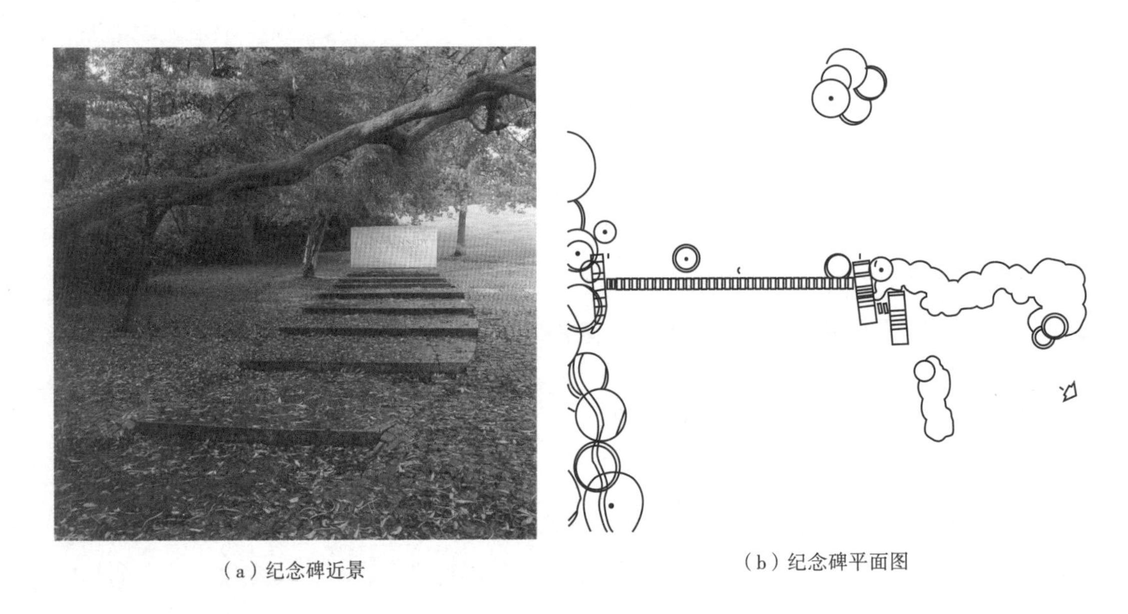

（a）纪念碑近景　　（b）纪念碑平面图

图 2.4.1　肯尼迪纪念碑

不仅在体验者的身上出现了无意识的现象，在设计师创作的“黑箱”过程中，也会呈现出无意识的规律。这个过程表现为：

第一阶段：由心灵来说话。
第二阶段：在内心不断地追问中寻找原型。
第三阶段：积极想象。
第四阶段：无意识创作。
第五阶段：对创作形象的加工和处理。

在创作过程中，这五个阶段依次发生，并相互融合，随着创作主体的个体差别和创作客体的约束，而呈现出不同的设计结果。这个过程中最重要的是了解并认识到原型的存在，找到原型并记录下来，而找到原型的途径就是积极想象。积极想象是创作中最关键的环节，它能够冲破心灵的重重迷雾，将原型承载出来，为以后的创作提供核心支持。

2.4.2　景观情结的象征性转化

情结与原型不能被直接应用，它必须被翻译成特定时代的语言才能被人们理解，这个翻译的过程就是象征。通过象征，情结和原型意象可以获得形象性的语言表述。以纪念性景观中的“英雄情结”为例(图 2.4.2)，象征的语言可以是具象的人物造型，也可以是抽象的形式语言，这些可视的景观造型语言使人们对英雄的赞美和崇敬由无意识层面进入到意识层面。潜意识的不断积累，使某些景观形式可以激发的相对稳定的意识反应，如欧洲对传统纪念主题的表达往往是在三段式的基座之上，安置精美的人物雕像；曾经以表达法老英雄气概为主的方尖碑也成为近代纪念性景观的范式。

（a）以具象象征为主的维多利亚女王纪念碑

（b）以抽象象征为主的华盛顿纪念碑

图 2.4.2 “英雄情结”可以通过不同的象征方式进行表达

这些稳定的象征意义来源于无意识向形式转化的投射过程。投射是把主体的情感转移到客体形象上的现象，转移的途径就是移情和抽象。主体把自己的心理状态投射到外部对象称为移情，主体退回到自己的内心世界则是抽象。中国传统的“比德”现象中的一种情况就是将人的情感投射到植物身上，使其具有象征意义上的人的德行和品质。拙政园中的远香堂取意于“莲花出淤泥而不染”，以此比喻居住者自身的品行追求。

移情是把外在形象同化于主体的感情，而抽象则是把外在形象转变为固定的形式，使其直接蕴含无意识的内容。神秘的史前巨石阵是人类祖先对宇宙、生命等原型象征的抽象表达。巨石本身并没有鲜明的形象特点，但布局方式多为同心圆式的石碑圈，圆形柱上架着楣石，构成奇特的柱顶盘，这种典型的组合方式在整个欧洲土地上总数约有 5 万多处[39]。这些独特的形象及其组织关系的经验逐渐固化为宗教崇拜和纪念情感表达的抽象形式之一，蕴含着以“纪念”为核心的无意识内容。在西班牙大爆炸遇难者纪念碑和英国戴安娜王妃纪念园中，圆形和环形都被作为表现纪念主题的景观形式（图 2.4.3）。西班牙大爆炸遇难者纪念碑模仿的是爆炸后的孔洞，戴安娜王妃纪念喷泉的环状主题是放置在草坪上的“水项链”。典型的形式语言和贴切的主题意义，把抽象的无意识内容与经验结合在一起，在形式的推动下，进入到理性的认知中。

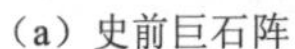

（a）史前巨石阵

（b）西班牙大爆炸遇难者纪念碑

（c）戴安娜王妃纪念喷泉

图 2.4.3　以圆形、环形为形式语言的纪念性景观

某些图示语言往往与特定类型的体验息息相关，形成了相对固定的转换模式，并为体验者创造了主动转换的情境。

2.4.2.1　景观的神秘体验

在景观设计中，迷宫形象是常用的造型元素，它以迷园、小品、图案等多种姿态出现在景观环境中。迷宫形象所体现的不仅仅是造型的趣味性，更是深层次文化内涵及精神需求的呈现。它所指代的一系列原始意象、图形意象，及其所形成的神秘情境，都将迷宫景观的体验过程变得复杂而充满智慧。因此，迷宫由于充满了无限的综合性体验而被运用到大量的景观设计之中，从而进一步提升了景观环境的品质。

迷园的真正作用并不是要使人们在其中迷失方向，而是通过起到遮挡作用的维护设施，为体验者提供一种未知的神秘体验。人们既可以看到迷园的中心，又不能轻易地到达目的地。人们无法预知下一个空间是否可以正确引导自己走出困境，他们需要付出一定的努力才可以真正进入智慧的领地。因此，迷园也经常是智慧的象征。

将迷宫图形演化为空间状态，这样的空间往往具有不准确和不清晰的特性，从而使体验者感受到来自景观的神秘体验。神秘体验是一种综合性体验。通常大多感知到的事物是不能预知的，而且常常通过这种不预见性保持它们特有的趣味和价值。它通过潜意识的作用，使体验者将对景观的感观认知转化为特定的心理活动。如白天的小树林可使人感觉清静幽雅，夜晚的小树林由于很难准确判断林下空间的位置和形态，从而获得未知的神秘感觉。如果在其中设置人力所不能控制的要素，在想象的作用下，小树林就超出了神秘带给人们的美感，从而变得阴森可怕。因此，神秘体验的解释并不重要，重要的是，设置适当的未知要素，使人们获得愉悦的神秘体验，从而提升景观的品质。从中国古典园林的“曲径通幽”中，我们可以清晰地看到，适宜的神秘体验对景观品质所产生的巨大影响。

2.4.2.2 景观的高峰体验

景观的高峰体验指通过特定的景观形态和空间，使体验者进入到高峰体验状态，并使景观在体验者心中获得物质和情感深刻认知的体验过程。这个过程可以使人如痴如醉，达到忘我的状态，获得心理和心灵的放松与超越，最终使人流连忘返。这既是景观设计者追求的目标，也是体验者在评价景观中表现出来的最终感受。

这些感受的特征包括暂时的时空混乱感、惊奇和敬畏感、巨大的幸福感、在宇宙的壮美面前，完全的无所谓与不设防的感觉等。按照马斯洛的说法，高峰体验可以根据经验估计出现的可能性，却不能完全预料其产生的时间和方式，并且不能用意志强迫、控制或支配它。而景观高峰体验往往是在设计之初就预先设定体验结果，通过有意识地不断变换景观形态和景观空间，在刺激与反应的前提下，在想象与联想的推动下，促使体验者进入到高峰体验状态。

2.4.3 社会无意识与文化无意识

在精神分析学派研究成果的基础上，许多学者进一步提出了社会无意识和文化无意识的概念。社会无意识是弗洛姆在个人无意识的基础上提出的概念，它是指一个社会的大多数成员共同被压抑的意识领域，是这个社会不允许其成员们意识到的内容[40]。这些内容都是在社会过滤器的筛选下形成的，是由社会结构决定的社会文化机制，它引导其社会成员在认知时应该注意什么，忽视什么，社会过滤器的核心是社会禁忌[41]。

文化无意识来源于弗莱的“神话原型”批评理论，他认为神话是人类现实生活的图景，内容包括日常生活中的一切，它渗透于社会成员的“集体无意识”之中，随着文化进行传承。神话本初的“人性关怀”在传承的过程中，演变为当今人性的价值追求，使过去和未来形成相通的文化共同体[42]。

2.4.3.1 禁忌对景观形象的修正

虽然弗洛姆的社会无意识的研究成果主要应用于社会和人格的健全与发展，但作为表达和蕴含文化内涵的景观来说，社会禁忌对景观形象仍然起到了筛选和修正的作用。符合人们感知和理解规律的景观形象会受到人们的欢迎和喜爱，不合时宜的景观形象，则难以实现。在美国明尼阿波利斯市联邦法院大楼前广场中，椭圆形的土丘是山地形象的缩影，它代表着自然的形式和美感。而在中国的文化中，这种形象经常出现在墓地、烈士陵园中，是丧葬形式的象征。在城市公共空间上如果出现类似的形象，就会被社会过滤器中的禁忌文化识别出来，作为不适合出现的景观形象被去除。2009 年，哈尔滨群力春水广场已建成的三角形土丘被铲掉后，改建成了花坛（图 2.4.4）。

（a）明尼阿波利斯市联邦法院大楼景观

（b）哈尔滨群力春水广场

图 2.4.4 禁忌对景观形象的修正

2.4.3.2 神话对景观内涵的支撑

许多景观都是对神话内容的再现，人们也喜欢为优美的景色赋予特定的神话色彩，西湖的断桥讲述了白娘子的传说，漓江上每一座形象独特的山体都有一段传奇。这些印有神话痕迹的景观使自然景观和人文景观都显得鲜活而富有个性。

神话中蕴含着人们对理想景观模式的憧憬，从《圣经》中对伊甸园的描写，到《古兰经》中对天园的叙述，再到中国古人对神话传说中瑶池仙境的憧憬，都把文化的根基置于景色异常美丽的园林环境中。以中国古典园林为例，中国西部内陆的昆仑神话系统和东部滨海的蓬莱神话系统分别代表着“山环水绕”和“一池三山”两种造园模式的文化根源。在昆仑神话中，仙山昆仑被弱水所环绕，其上居住着神人。这种典型的山水风景为后来的园林选址奠定了基础，尤其是在颐和园中，为了实现山环水绕的园林格局，人工开挖池湖，堆筑山体，形成了阴阳相抱的园林格局，昆明湖中三大岛屿的布局组合则是对蓬莱神话中海岛仙山的模拟。在精致的私家园林中，“壶中天地”的造园范式也是对神话传说的表现和继承。壶天模式中蕴含了以小见大的宇宙观，使造园方法由写实向写意的方向发展，私家园林虽然尺度较小，却池泉沟壑，厅堂岛屿，诸景俱全，是典型的象征式的艺术表达。同时，葫芦状的园林装饰在门洞、花窗、铺地图案中屡见不鲜。

在世界不同的文化圈中，围绕不同的神话出现了不同的理想景观的范式（表 2.4.1）。这些传达了不同地域的景观特点和生存的经验，形成了一种结构稳固的文化结构。这些结构一旦形成，就作为一种“无形的物质和能量”，反过来深刻地影响地理环境[53]。在景观中体验到的景观形式和内涵就是对理想景观的深层附和，是一种文化无意识的表现。景观中的神话寓意使想象中的事物得到现实的印证，既是对虚幻景象的再现，也是对传统文脉的追寻，并深刻影响着地域性景观的发展。

表 2.4.1　神话中的理想景观模式及其特征

理想景观代表场地		区位与环境	景观特征
中国模式	昆仑山	西北与世隔绝的高山	对外封闭
	蓬莱	悬于渤海之上的仙山	模仿自然
希腊模式	奥林匹斯山	凡人无法进入的高山	凌驾自然之上
希伯来模式	伊甸园	由天使守卫的园子	重视水和植被
	天园	安拉建造的园子	

随着文化的传承和演变，新的神话不断出现，也为景观注入了新的活力，如始于唐宋的“八仙故事”是园林雕刻艺术中广泛选用的题材，“珠海渔女”的神话伴随着珠海城市的崛起而生，广州的“五羊传说”为新城赋予了历史的深度，这样的例子在不同的景观中屡见不鲜。辽宁滨江新城的潜龙广场就是对神龙降世传说的景观再现。

那些超乎人们理解的自然奇观更是充满了多姿多彩的神话故事，它们的内容随着时间的流逝不断被深化和填充，变得更加丰满和令人信服。当后人再看到这些景观时，对其传说的体验是真正领悟景观的钥匙。澳大利亚腹地的乌鲁奴巨石是一块孤独伫立于西部沙漠上完整而巨大的花岗岩（图 2.4.5），犹如沙漠中的孤岛，因此被地质学家称之为“岛山”。它的成因无人能够解释，却是当地土著人膜拜的圣地。在当地文化的润色下，这块巨石拥有了优美而神秘的传说。这些传说在千年风雨、万年狂风中不断添加着新的演绎。每处石缝的痕迹都和祖先有关，或是先祖马拉族人战斗中的武士，或是伸出援手的神女，或是残忍凶暴的敌人，或是战火留下的烟熏焦痕。在布满时间沧桑的巨石上，这些遗迹更显得高深莫测。无论是游客还是当地的土著，从这些神话中汲取营养，是体验景观的开始。

（a）巨石近景

（b）巨石远景

图 2.4.5　充满神话传说的乌鲁奴巨石

社会无意识和文化无意识都具有强烈的现实指向，很容易与现实中的“意识”发生联系，所以它并不是真正的无意识，而是作为社会群体共有的意识形态存在。这些明确的意识内容约束和引导着人们在景观中的体验感知和体验活动，成为设计规律中需要正视并且尊重的客观现象。

2.5　景观体验的构成

景观体验的初期，体验者使自己的整体与环境的整体相遇，完成“体”的过程，“体”的对象是环境中能够吸引体验者注意的内容。体验者自身的内在情感和趣味与环境发生碰撞后，体验便遵循深层无意识本身的秩序和运动规律，完成“验”的过程。“验”的结果是人们与认同对象的融合，并在环境中进行自己喜爱的活动。被体验的内容向人们传达着他们向往或信仰的社会内容，包括特定阶层和特定时代的愿望、理想、思想和情趣等，这就是体验的意蕴。所以，景观体验由三部分组成，它们分别是景观吸引、景观活动和体验意蕴。

2.5.1 体验行为的诱发

行为场景理论表明，环境所具备的某些物质特征往往支持着某些固定的行为模式，尽管使用者在不断地变更，但固定的行为仍然会不断地重复，这样的环境就是场所。体验者与场所之间类似化学反应一般的关系，为体验的诱发创造了机会。只要景观元素具备这样的特征，体验行为就会发生。比如林间空地总会有打拳、聊天等行为活动，滨水空间总会有亲水的人群。只要场所特征在环境背景的反衬中足够鲜明，体验的内容就会被人们所感知。港口花园是一个临时的景观，在原本是集装箱和货物聚集的空地上，放置了 80 个注满了水的透明塑料袋，袋子里不仅注满了从附近取来的河水，还装着水里的植物、小螃蟹和垃圾。晶莹透明、充满动感的袋子总是使人忍不住的触摸，甚至是在上面蹦跳。从注水口中喷溅出来的水花，无疑使这种行为得到了鼓励，因此超乎想象的“亲水”体验就这么发生了（图 2.5.1）。

（a）港口花园中的游客

（b）兴奋的孩子

（c）阳光下注满水的袋子

图 2.5.1　港口花园

体验者和环境行为相互依存的关系，使某些场所具有了固定的意义，这些意义反过来又约束着体验者的行为。比如具有迎送意义的“十里长亭”，就是在传统城市格局和交通模式下衍生出来的景观建筑。这个小小的亭子，不仅是固定行为发生的地方，也是特定文化精神的载体。即使剥离开迎送的行为，人们看到这处景观，也会体验到迎送离别的心情。这时送别亭就具有了符号的意义，能指和所指的分离，使景观形象脱离环境行为而独立存在。把具有特定意义的景观形象进行移植和组合，就会诱发人们获得相似的或与众不同的体验。图 2.5.2 是上海高层居住小区“上海河滨花园”的内庭院，为了使住区景观获得一种内部的聚集力量，设计选则用现代的语言重新解读苏州园林的内涵，以期获得传统园林那种可游可居的体验效果。景石、竹林、鹅卵石、木材都以新的方式并置在一起，曲线被直线所代替，障景被轴线所消解。在现代材料的映衬下，似有若无的文化转换，使新的美学体验悄然生成。

（a）太湖石与现代材料并置

（b）太湖石与翠竹之间新的景观秩序

（c）对景的石组

图 2.5.2　上海河滨花园

2.5.2　景观活动的参与

景观活动是体验者与景观的接触方式，是体验得以展开和延伸的必经过程。在身体运动和内心活动的作用下，个体的感官和需求充分与景观碰撞，并获得满足和释放。以荒野景观的体验为例，人们通过身体深入自然，并感悟自然的神奇和神秘。云淡风轻、鸟啼虫鸣，这些微妙的、偶然的情境成为最佳的体验场所。环绕的绿色、松林的味道、小动物的出没，使人们获得超脱般的快乐体验。这是一种无意识的体验活动，在人们触碰景观时就已经发生。如果将目的性和功利性的景观活动有意识地添加进去，体验内容和效果将大不相同。宗教性的活动，可能使这里演变为千年古刹，人们会从崇山峻岭中体验到神性的存在；娱乐性的活动，可能使这里演变为主题公园，持续的尖叫和笑声使山林成为世外的乐园。同样是与远离日常生活世界的遁世般的体验，不同的活动带来的是不同的结果。

景观中的活动可分为被动性活动和主动性活动，被动性活动指由策划者和设计者预先设定的活动内容，受景观主题的制约；主动性活动是体验者根据景观诱导自主选择、自发创造的景观活动，后者比前者的体验层次更深。主动性活动的浅层表现是“到此一游”式的记录，通过拍照、刻画、留存物品等方式将自己的经历记录在景观之中。这种方式几乎是本能的、无意识的行为，所以在许多风景区内都可以看见挂满红布条的古树，缀满同心锁的铁链。主动性活动的深层表现是体验者与景观之间的互动，人们随着景观的变化而选择活动的形式。图 2.5.3 中亲水的人们，可以根据自己喜欢的方式与水接触，或是在旱喷泉中躲避炎炎夏日，或是在人造小溪内流连徜徉。当水珠溅落或拂过身体，人与景观之间的距离就变得如此微小。图 2.5.4 中，游戏的孩子们选择用骑车的方式体验草坪带来的波浪运动，如果人们想慢慢地步行，虽然不会有滑行的快乐，但攀登带来的运动体验，也会使这段经历变得充满趣味。

图 2.5.3　人群在水体景观中游戏

图 2.5.4　在景观中享受人工波浪运动

为了使体验者对景观主题有进一步的理解，调动人们的想象力也是一种非凡的体验。思考和探索带来的力量，使景观充满无穷的意义。这时的活动虽然没有对肢体的释放，却是对心灵的滋润。景观中宁静的感觉使时间变得延缓，使普通的事物也变得极具价值。声响进程是一个特殊而朴素的活动。当地居民佩戴着特殊的 MP3 随身听和图像标示卡，开始探索沿途的景观。比如根据卡片的提示寻找一种濒临灭绝的乡土药用植物，在居民访谈录的回响中，重新了解那些曾经被漠视的普通的场所。设计尽量回避了对原有自然的改变，甚至连必经的道路都不具有形体，以便为人们提供一个真正属于当地的生态景观。在漫步的过程中，人们通过观察、沉思、思考，并意识到人与自然的关系，当这个想法在头脑中闪现时，体验者已经真正沉浸在景观之中（图 2.5.5）。

（a）通过 MP3 了解当地历史

（b）在声音导语中了解当地景观

（c）在岸边倾听讲述

图 2.5.5　声响体验

2.5.3 景观意蕴的领悟

对意义的思考和领悟是体验的最后过程，是属于体验者自身的、独特的认识和感受。比如，对于将登顶设定为目标实现的体验者来说，峰顶的雄浑壮阔使其心潮澎湃，会获得高峰体验的情绪变化；而对于山上的工作人员来说，优美的景色只是他的工作环境，很难有情绪上的波动。

作为设计师来说，“设计的不是场所、空间，也不是设施，设计的是体验[43]。”体验的意义来源于个体和群体两个层面。景观的场所和活动与个体记忆中的事物相互认证，触发了体验者内心的情感，使体验者产生了高兴、激动等情绪变化，从而对个体产生不同寻常的意义。景观的意象和寓意反映了文化、时代、地域等鲜明的特征，是社会群体共同的意愿，个体在体验中可以辨识出群体对景观的态度和看法，并根据自身的条件选择将自己的意见等同于群体的意见，或与之保持独立。

比如在美国罗斯福纪念碑中，劳伦斯·哈普林用四个空间讲述了总统一生的故事。他认为“纪念性是包含有意义的空间体验的结果，这种‘为体验而设计’的构思最终以四个主要空间及其过渡空间来表达[44]”，分别对应罗斯福政治主张的四种自由。景观最精彩的亮点是设计师塑造的空间形象和空间氛围，摆脱了传统纪念空间的崇高和严肃，用一种质朴而宁静的空间讲述了总统精彩的一生。这不仅与总统的人物性格和行事作风相契合，生动地再现了故事主角的形象，而且使参观者在阅读这个故事的时候，通过对花岗岩墙体的触摸、对不同人物雕塑的猜测、对喷泉跌水的发现，自己能主动地进行思考和探求，达到精神和情感上的共鸣，在不知不觉中完成对故事的体验性阅读。游客个体在观察罗斯福纪念碑中的每个细节时，比如雕塑和文章，参观者可以自由的发挥想象和猜测，产生自己独特的理解和体验。游客群体在景观中肃穆和庄重的表情，是群体意识的显现，对独立的个体情绪产生了感染。景观寓意中反映出来的特殊的历史时代，使经历过的每个人浮想联翩，对时代的统一认识，又使群体对景观展现的批判性评价产生了强烈的认同。对处于时代或文化之外的游客，通过景观所了解的意义是社会群体对时代的总结和归纳，所获得的是群体对该时代的一致性的意见（图 2.5.6）。

（a）罗斯福总统纪念园入口

（b）反映社会改革的浮雕墙与浮雕柱

（c）表现“送葬车队”的浮雕

（d）象征战争破坏的石块

图 2.5.6　罗斯福总统纪念园

第3章　景观体验的个体感知

景观体验的最小单元是个体。个体在景观的亲历过程中通过感觉的方式认知景观。感觉是直观的，无意识的，外在的。在感觉的过程中，人们自觉地把感性认识上升为对意义的体悟，发现景观的价值和内涵。因此，“景观体验”是一个“触景生情”的过程，是从“景”中走出，进入“情”中的变化。

3.1　个体感知的途径

景观构成要素取自人工和自然两个领域，从城市的休闲广场、主题公园到自然的花香鸟语、山水叠翠，人们感知并理解世界的存在。这些感知来源于视觉、听觉、触觉等多种感觉混合而成的综合认知。人们对景观信息的摄取 90% 来源于视觉，因此就容易忽略其他感官的存在。尤其在城市环境中，景观中的自然声景在噪音的干扰下，几乎被人造声景全部替代。实际上，风雨的自然浅唱、人群的欢歌笑语、草木的清香扑鼻都是有着丰富意义的体验对象。在日本和美国的感官花园中，场地按照人体的五种感官体验进行分区。视觉体验区往往色彩对比强烈，植物高矮形状各异；嗅觉体验区的植物多散发出浓烈的气息；听觉体验区中，水的冲击声震耳欲聋；触觉体验区中生长着各种长毛、带刺、光滑或粗糙的植物；在最后的味觉体验区里，长满了可供食用的草木蔬菜。从表面上看，感官花园与其他的花园没什么两样，体验的环节却有独到之处。在美国科罗拉多州的感官花园中，坑坑洼洼的道路可以让轮椅使用者在安全的前提下，体验到驾驶的快感。儿童在穿越松软的沙石地时，需要花费不小的力气。新加坡的感官花园还设置了盲文，使残障人士也可以解读自然的美妙（图 3.1.1）。

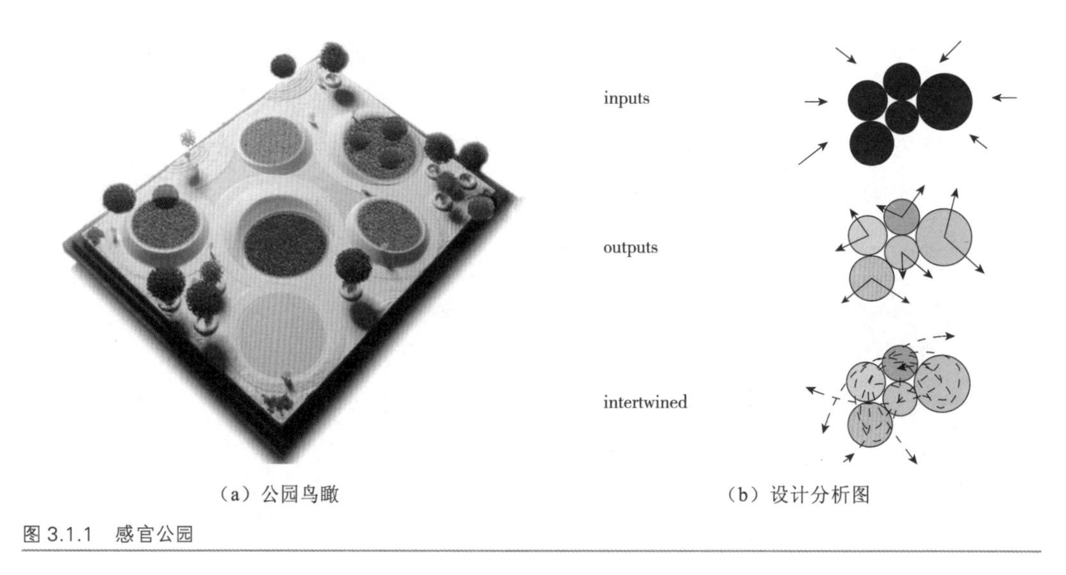

（a）公园鸟瞰　　（b）设计分析图

图 3.1.1　感官公园

随着现代艺术的发展，除了对传统五感的景观探索，景观元素中又添加了对透明感、漂浮感、无重量感、不确定感等超越感觉层面的表达，更加拓展了景观体验的领域和范围。

3.1.1 感官与知觉

感知包括简单的感觉与较复杂的知觉[45]。在实践中，感觉和知觉几乎无法分割，它们是一个连续的过程，是知觉对感官刺激的反映并转化为有组织的经验的过程[46]。知觉对感官得来的信息进行了深入的加工和处理（图 3.1.2），比如在秋天的公园中，看见叶子从树梢上掉落属于感官上的信息，通过落叶飘零而感到悲哀凄凉则是知觉在发挥着作用。阿恩海姆[47]认为视觉是对客观物体的机械感知，而视知觉是对事物表现性的感知，是一种特殊的审美知觉。对每一处景观的体验都可以说是感官和知觉相互交织的过程。林璎在美国密歇根大学航天科技研究大厦门前的场地上设计了一小片连续起伏的草坪，并命名为“波场”。设计的灵感来源于流体力学中关于自然水波的描述，元素重叠并置的设计方式，使场地犹如水波一样成为具有流动性的动感世界。参观者进入场地休憩或者阅读时，来自身体的触碰更加强化了知觉的动态感应。这既是一次对自然的触摸，也是一次对飞行和流动的体验（图 3.1.3）。

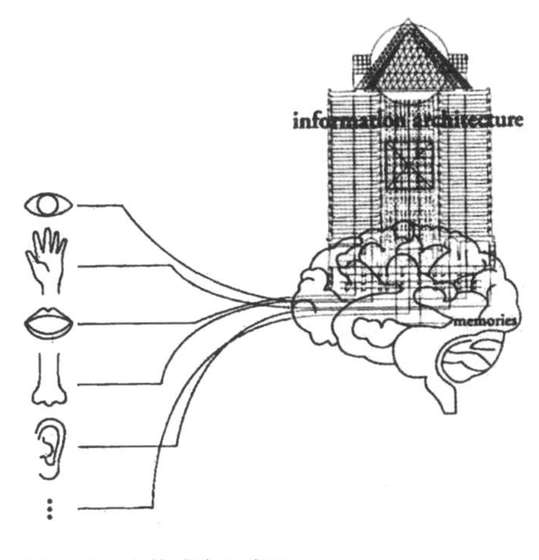

图 3.1.2　人体感官示意图

（a）场地鸟瞰

（b）景观近景

图 3.1.3　“波场”景观

感觉对每个体验者来说基本相同，而知觉对不同的体验者来说却大相径庭。感觉属于心理学的范畴，而知觉已经进入到了哲学的范畴（表3.1.1）。梅洛－庞蒂在现象学的基础上认为身体在空间运动时的连续体验，使主观世界和客观世界成为一个整体，在这个过程中，知觉将符号和意义、形式和内容联系在一起[48]。因此景观体验的发生就来源于身体活动和心理认知这两个主要的层面。在这两个层面上，景观知觉将各种感觉器官综合起来，形成一种纠结和绵延的景观知觉体验。

表3.1.1　感觉与知觉的表述与区分[49]

内　容	感　觉	知　觉
生成条件	物理刺激	主观投入
获得途径	眼、耳、口、鼻、皮肤	个人过去的体验（经验）意识
体验结果	没有处理	有组织转化
信息获得	体验者基本相同	体验者各不相同
研究范畴	心理学范畴	哲学范畴

注　本表为作者根据已有论述总结而成。

3.1.2　视觉体验

在现代心理学的发展下，西方传统的视觉理论加入了新的内容。视觉从由视网膜图像构成的“视觉域”(Visual Field),扩充到由人所“见”和领会所构成的“视觉世界”(Visual World)。这就使视觉成为一种有条件的思考，并通过身体事件使人们看到各种各样的事情[50]。在景观中，身体的行走和移动形成了连续的视觉画面，相互关联的形象组成了景观的视觉世界。这个过程就好像印有图像的透明纸之间的相互重叠，扩充并修正着对景观的整体把握。

3.1.2.1　静态延展的景观透视

视觉对空间的认知是通过透视完成的，透视使不同的景观空间相互连通，使人对空间的认知和体验变得更加科学和深刻。透视的特点在于空间静止，静止观察的眼睛会将5米以外的任何东西展为平面[51]。法国勒·诺特尔在设计凡尔赛宫时，充分运用了透视的静止特征，塑造了飓风般扑面而来的宏伟巨作。在凡尔赛宫中，视线深远的轴线形成了一个“消逝点位于无尽远方”的大透视。主轴线中的所有要素，都被有序地组织在透视中。从托拉娜喷泉开始，经由国王草坪和阿波罗喷泉，直至巨大的人工运河，都犹如国王卧室内的巨型壁画，从室内观望，园林一览无遗。这种类似长镜头般的透视运用，在具有古典韵味的园林中经常可以见到（图 3.1.4）。

（a）凡尔赛宫中宏伟深远的透视运用

（b）长步道

（c）链式水道

图 3.1.4　透视在景观视觉体验中的应用

意大利的台地园往往选在能够看见参天大树和起伏麦田的山腰或山顶，是一处离城市不太远就能到达的天堂，“可以望到城市、村庄、海洋和平地，以及丘陵和一一能指出名字的峰峦[52]”。乡野景观则具有开阔的视野，良好的视线穿透性，整合了变化的农田和聚居的村落，构成一幅完整的乡村画面。随着技术的发展，飞机作为交通工具被大量普及，为人们欣赏景观带来了新的角度和视野。这些从地表无法获得的体验，以群体式的壮观超越了景观设计的范围，却为体验带来了新的感受（图 3.1.5）。

（a）危地马拉城区的农田

（b）乡村田野鸟瞰

（c）城市鸟瞰

图 3.1.5　在飞机上对景观的鸟瞰体验

3.1.2.2　风景如画的景观格局

中外园林都有把风景入画的传统，如画的风景也成为景观追求的目标。中外画理的艺术原则迥然不同，其影响下的景观风格也差异巨大。中国园林呈现出“写意山水园”

的风格，明清园林更是遵循“诗画”的艺术创作方式，在园林中体验诗画意境已经成为了中国古典传统园林视觉创作的自觉。18 世纪的英国出现了“风景如画”的园林格局，但他们的“如画”与中国不同，是对自然胜景的人工梳理与模仿，并将这种创作称之“种画”，即忽略土地的原有面貌，全部改造成风景如画般美丽的地方（图 3.1.6）。尤其是雷普顿在园林设计中应用的“重叠法”，更是把景观与绘画紧密结合。他先将需要改造的地方绘制成一幅画，其后在画面上有意识地进行修改，直至画面变成理想中的景观（图 3.1.7）。当然，他也明确提出了景观和绘画的不同，比如景观的视点和视线变化更具动态性，景观具有季相变化等特点。

图 3.1.6　布朗式的景观

（a）改造前

（b）改造后

图 3.1.7　用“重叠法”进行的景观创作

在现代的景观设计中，场地元素组成的图案同样具有现代绘画的特点。图 3.1.8 所示的城市广场位于仓储和物流混杂的商业区中，零散破碎的城市肌理需要一个强大统一的视觉和空间形象填补这块城市中的空地。地面流动的线条组成了一张红色的薄膜，轻轻覆盖在场地之上。不同的活动空间挤压着线条的走向，使地面的形态犹如一幅抽象的现代画一般位于城市之中。

（a）广场鸟瞰

（b）广场上流动的铺装细部

（c）广场的设计模型

图 3.1.8　笋岗片区中心绿化广场

3.1.2.3 视觉影像的幻彩迷途

视觉效果不等于视觉体验，然而在快餐文化盛行的当代，视觉效果带来的短暂快乐使传统文化中“立象以尽意”的意象化的表达方式向以影像为主导的趋势发展。“人们对有关秩序、结构、重量、细部和工艺手法的认知丰富了景观的视觉纲领，而所有这些也许恰恰使得作品之所以感人的那种深层潜意识的意向越来越难以捉摸[53]。”景观越来越成为“视觉的景观”，如图 3.1.9 所示，漂亮的效果图使体验变得平面化和形式化，供决策者和设计师在有限的屏幕中反复推敲。无论是面对政府高官、开发商，还是老百姓，这样华丽的图面效果都能够快速获得成功。图纸表现的艺术性往往会掩盖景观实现的技术性，造成图纸与结果的脱离。人物在效果图中的作用，不应局限于作为烘托图面氛围的配景，而应该是引导人们理解景观内容和功能符号（图 3.1.10）。

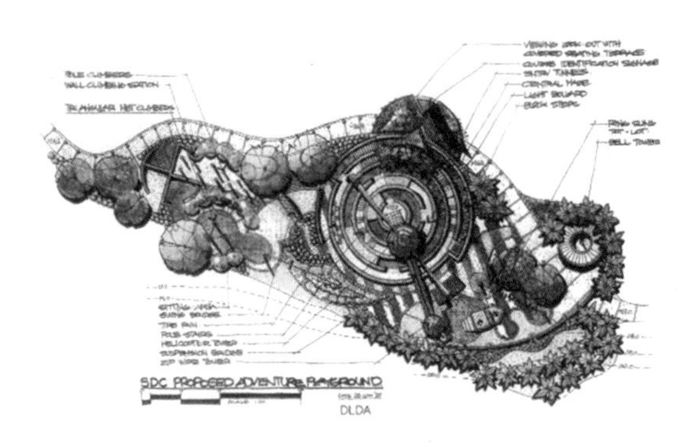

（a）贝尔高林的手绘设计图纸

（b）贝尔高林东堤湾住宅景观手绘扩初图纸

图 3.1.9 视觉效果华丽的设计图纸

（a）设计效果图一

（b）建成效果一

（c）设计效果图二

（d）建成效果二

图 3.1.10 设计图纸与建成结果的比较

推崇视觉效果的设计表达直接导致许多景观“只能看，不能用”。在深圳宝安区的市民广场中，偌大的广场中难觅树荫的踪影，缺少使人坐下来停留的空间。虽然管理用房的造型是从地面中缓缓抬升的覆土建筑，但是稀疏的植物既不能解决缺乏绿色的症结，也不能缓解华而不实的弊病（图 3.1.11）。

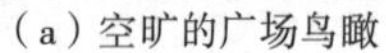

（a）空旷的广场鸟瞰

（b）造型新颖的管理用房

（c）景观柱

图 3.1.11　深圳宝安区的市民广场

视觉体验是多重视觉内容的综合，它包含着景观的视觉形象、景观透视、景观格局和可视的景观活动，叠加在一起的这些内容才是鲜活的视觉景观，能够给人带来触动的体验过程。

3.1.3　听觉体验

人们喜欢聆听大自然中的天籁之音。蝉吟鹤唳、水响猿啼的声音体现出宇宙万物的生生不息。这些天然的动人乐章勾起了人们的无限遐想，也成为设计师们捕捉的对象。寄畅园的“八音涧”、个园的“透风漏月厅”、拙政园的“留听阁”等景观，就是对水声、风声和雨声的绝佳妙用。

3.1.3.1　自然的天籁之音

泉水之声被庄子称为“天籁”，谛听者耳爽心明，尘虑顿除。在自然环境中听泉，不仅入景入诗，而且入画，清代名画《涧屋听泉图》就描绘了听泉带来的复合性体验。泉水之声只是水音中的一种，不同的水体形态所引发的水音各不相同。泉、溪、池、湖、河、海赋予水声以缠绵、清幽、静雅、奔腾、咆哮等不同的个性，使听闻者体会到不同的景观情感。意大利人正是利用水流通过不同管道时的形态，使不同的水声组合在一起，获得了类似管风琴的声音效果，在埃斯特庄园中建造了著名的“水风琴”（图 3.1.12）。对水声的喜爱偏好体现了不同的文化特点，热闹的、咆哮的“水风琴”符合西方人热情奔放的性格，而谐趣园玉琴峡和寄畅园八音涧中犹如古筝般的水声则体现了中国文人的优雅和细腻。

水声在中国文化中还有一种特殊的形态，就是雨声。听雨可以说是中国人的特长，不仅能分辨出雨声的不同，还能听出无穷的意趣。“枯荷听雨”“风檐听雨”“梧桐夜雨”“寒池落雨”“凉夜散雨”等诸多的景象，都把雨声和听者的心灵融合在一起。拙政园“听雨轩”的窗前有一处水池，池畔栽植着高大的芭蕉和翠竹。每到雨季来临之时，雨滴击打在植物的叶片上，就展现出“两家秋雨一家声”的意境（图 3.1.13）。

图 3.1.12　埃斯特庄园中的“水风琴”

图 3.1.13　拙政园的“听雨轩”

自然界中的风声也具有多重的含义，它不仅包括空气流动时发出的声音，还包括被空气所挟裹的事物发出的声音。法国拉维莱特公园中的竹园通过沙沙的竹叶声和奇妙的水声营造了一个静谧的下沉空间。园内的声学建筑，被称为“声乐管”，是被斜坡和竹林环绕的半圆形墙壁，带有壁泉和格栅。轻风吹拂时，各种声音汇聚在一起，形成一座可以凝听自然之声的“天然音乐厅”（图 3.1.14）。古斯塔夫森在法国想象之园的村庄周围设置了一排顺山坡而上的风向标，并命名为“风之轴”。每个风向标上都悬挂了一个铃铛，在起风时发出悦耳的声响（图 3.1.15）。

图 3.1.14　拉维莱特公园竹园内的声学处理景观

图 3.1.15　风之轴

在中国文化中，风声随其附着之物的区别还有着不同的寓意。松的雄历之姿，使松声展现了松因风而见的劲挺；竹的潇洒轻灵，使竹韵具有君子般的天成风姿；落叶的飘零而逝，使风声充满了离别悲情之苦。对声音的判断与欣赏已经超越了听觉所能涵盖的范畴，成为视觉世界的延展和补充。

3.1.3.2　精巧的人工之乐

发声器物在不同的环境中具有不同的体验效果。同样是钟声，临水而响，沿着水面延绵不绝，可引起听者的沉思；节庆期间，钟声祈祥纳福，代表人们对美好生活的向往；而“夜半钟声到客船”是诗人张继夜泊枫桥时孤寂悲凉的心态写照；钟磬之声使空间充满了禅的精妙意境，创造了肃寺梵音的独特韵味。故而，在中国传统的山水景观中，均有以钟声为欣赏主体的景致，如西湖十景之一的“南屏晚钟”，钟声响起时，“寺钟初动，山谷皆应”，“传声独远，响入云霄，致足发人深省”。

音乐主题与环境意境的契合，可以扩大人们体验的层次与范畴。市民广场中热闹欢快的流行音乐与活动的人群交相辉映，一片市井生活的风情；居住区中的轻快宁静的轻音乐与放松休息的居民组成和谐安宁的家园氛围；在中国古典园林中，每一处池塘屋宇都是音乐演奏的佳所。留园中设置了两处乐曲表演的场所，一处位于中心水系的小舟之上，琵琶女纤指弹拨，乐曲变沿着水面四散飘扬；一处位于东园的还我读书处，三面开敞的建筑格局使清冽的琴音顺着植物的叶片，渗透于园林中的每一个角落。古典音乐的素洁高雅，在这精巧别致的园林中，使体验者凝神静气，细心品味古典艺术的精妙深邃。试想一下，如果没有这些音乐的陪伴，游客在游览中常常会走马观花，不知停歇，错过了深入体验的契机（图 3.1.16）。

（a）留园小舟之上的琵琶演奏

（b）还我读书处中的古筝表演

（c）聆听乐曲的游客

图 3.1.16　留园中音乐主题与园林风格的契合

3.1.3.3　奇妙的声景空间

声音风景[54]和声音环境[55]从景观形式和心理感受的角度，重新描绘了声音的世界。尤其是在法国 COMPIEGNE（1981）研讨会上，更加全面阐述噪声及其非否定意义的内涵[56]。

景观中的声景观设计是对景观空间内声音环境的设计和规划，它围绕主体对声音的感受、体验和理解，强调声音的价值和意义。声景观设计并不是对声音要素的独立设计，而是声音要素、环境要素和体验者之间的和谐统一。声音要素包含着声级、频谱、频率、距离、声源等物理现象的内容。环境要素包括空间的形状、界面材料，景观对声音反射和传播效果等内容。在不同的环境中，声音的感受也不同。体验者既是声音景观的接受者，也是声景观的创造者。同时，听者的社会背景和即时状态也对体验的结果有明显的影响。和谐的声景场所是三者之间综合作用的结果，是舒适的、独特的，具有意义的场所。

声音所具有的连接和结合的作用，使它与不同的场所和不同的活动、时间相连。在城市声景中，汽车的喇叭声与街道相连，街边的乐曲声与舞蹈表演相连，商店门前的电子叫卖声、学校的铃声、公园的孩子嬉闹声、广场的喷泉音乐等都与市井生活的场所相连。有些声景只出现在特殊的地点，比如鸟岛的禽鸣声，村寨的狗叫声等。在每一处景观的回忆中，体验的画面都不会寂静无声，这些声音不仅描述着人的感知，还记录着声音的事件，在声音意象的引导下，共同形成具有特殊价值意义的景观体验。

表 3.1.2 将森林公园中存在的典型声音进行了比较和评价，并将声音印象和评价结果并置在一起，从感受的层面进行了分析[57]。表 3.1.3 将不同的声音类型进行了重要级别和先后顺序的对比[57]。在不同的景观类型中，各种声音的重要程度也不尽相同。以自然特色为主的景观，自然声和寂静的声音是声景的核心，在以运动为主的景观中，喧闹声和比赛声则是声景的重点。

表 3.1.2　游客对公园所听到的各种声音的评价

声　　音	好感度	协调度	印　　象
树叶的沙沙作响声	2.71	2.29	自然的、开放的、愉快的
鸟的鸣叫声	2.03	2.21	自然的、开放的
喷水声	2.00	1.81	清凉的

续表

声　　音	好感度	协调度	印　　象
风声	1.60	1.80	没有特征
流水声	1.58	1.42	愉快的
儿童的声音	1.44	1.53	有活力的、开朗的、热闹的
虫的鸣叫声	1.45	1.09	自然的、清凉的
人声	0.55	1.14	温暖的
公园的广播声	−0.52	−0.48	有特征的
园外传来的交通声	−1.14	−1.48	人工的、不快的、不协调的

表 3.1.3　公园声景构成要素的优先顺序和重要度

优先顺序	第一层次	第二层次		
		自然声	活动声	人工声
1	自然声0.42	虫鸟的鸣叫声0.15	儿童的游戏声0.10	背景音乐0.08
2	安静0.25	树叶的沙沙作响0.14	活动仪式声0.05	信息播送0.05
3	活动声0.20	水声0.13	人声0.05	
4	人工声0.13			
总计	1.0	0.42	0.20	0.13

不同声景的效果和意义为景观带来了特殊的效果。北京天坛回音壁、三音石和圜丘的特殊声学效果，使帝王在此处祭天之时，所述言语在四方回应，犹如上天的“训谕”，强化了帝王的权威。三音石上多重回音的效果，使“人间私语天闻若雷”，展现出“明察秋毫”的天帝威仪。北京奥林匹克公园“礼乐重门”的主题空间中，设置了一系列可以与人互动的“乐器”。“鼓墙”上大小不一的鼓面可以进行随意的敲击，铜质的“排箫”会发出“呜呜”的声音，钟磬塔上的青铜响器在风的拂动下，击打出清脆的声响。在这个庭院里，现代的景观语言与传统的声音意象共同演绎了中国古典音乐的神奇（图 3.1.17）。

（a）下沉庭院

（b）钟磬塔

（c）庭院中的“笛子”

图 3.1.17　北京奥林匹克公园

虽然，声景由不同的声音组成，但核心是将体验者导向内心的宁静。声音世界与视觉世界相比，更容易引发人们的联想和沉思，声音的存在也使场所和空间显得更加幽静。王维的“鸟鸣山更幽”中蕴含着禅意的宁静，杜甫的“欲觉闻钟声，令人发深省”中弥漫着沉思的静谧。这种宁静将视觉的形象定格，并且突破故有的体验惯性，看到不一样的世界。在印度甘地纪念园中散置着来自印度各地的石块，这些名为“能量土砖”的石块自由的坐落在被改造过的冲积平原上。石头、泥土和水，这些自然元素的大量运用使这里充满了安详平和的氛围。来到这里，时间悄然静止，树林中仿佛回荡着甘地夫人的声音和话语。这是来自人们内心的愿望，是景观触发的纪念情怀，正是这种回忆中的寂静使景观的形象获得了永恒的意义（图 3.1.18）。

图 3.1.18　印度甘地纪念碑

静谧的环境也会诱发其他感官的活跃度，产生“通感”效应。例如宁静的声音环境会刺激人的嗅觉反应更加灵敏，从而获得深层次的意境体验。在苏州狮子林中的“燕虞堂”前廊东面洞门之上有一处“听香”的匾额。“香”如何能“听”呢？此庭院的角落处栽植着玉桂与牡丹，在极度安静的声音环境中，体验者的嗅觉较平时更加敏感，感觉到的植物芳香也更加馥郁。香气仿佛不是嗅到的，而是听到的。这是“听之以心”“听之以气”的认知深化过程，诱发了“关照内心”的体验境界，隐喻着“用心去听”的哲理意蕴[58]。在听香的过程中，视觉体验也相生相伴，因此这是视觉、听觉和嗅觉相互转移，相互激发的独特的真实体验。

3.1.4　触觉体验

植物、石头、水体等景观要素，在视觉的注视下，总是呈现出一种柔软、坚硬、清凉的感觉。虽然人们没有真的触摸它，但是触摸的感觉却真实存在。这种现象就是视触觉，即在触觉和视觉的共同作用下，触觉经验以视觉的形式体现出来的现象。视触觉的应用十分广泛，木材的温暖，石材的冰冷，玻璃的平滑、岩石的粗糙，这些不同材料的视触觉感受，使它们在景观设计中表现着不同的效果。有时，视触觉能体现出超出感官以外的意义，比如砖墙上翻卷的外皮会令人产生触摸历史的感觉。虽然视触觉具有强大的吸引力，但真正的触觉体验却比这些感知更加微妙和具有魅力，它们来源于足底，来源于指尖，来源于身体能够感知的任何部分。

3.1.4.1 主动的触觉

（1）足下的触觉。行走在景观中，脚底的感觉会变得非常敏感。人们总会选择那些平整的地面行走，因此会非常关注脚下世界的变化。丹麦设计师S · L · 安德松（Stig Lennart Andersson）常常会在地面上设计一些浅浅的积水坑。在雨中，这些小水坑可以存留雨水并渗入地下，在雨后，这些小水坑可以倒映晴空的变化，使人体验纷繁莫测的自然[59]。

不仅是停留时的关注，即使是在不停地行走，足下的体验依然鲜明。草坪上绒毛般的踩踏，使人感到亲切而温暖；林中石径上坚实的触感，使人感到安全而强大。穿行的路径还造就了不同的行走方式，日本庭园中蜿蜒而节奏分明的飞石，使脚穿木屐的路人，在每一次踩踏时的动作都像表演般华丽；法国凡尔赛宫园林中松软的砂石小径，为脚穿缎面软底鞋的贵族和贵妇们，提供了适宜的散步场所；英国园林中柔软的草地，适合脚蹬高低靴的牧场主在如画的风景里，尽情享受高尔夫的魅力；而风景园中绵长起伏的车道，则为当时以马车为主要交通工具的人们，带来犹如滑翔般的轻快和平稳。由废弃的铁轨改造成的散步路径，不仅改变了人们惯常的行走体验，也将人们对历史的回忆从足下铺展开来（图 3.1.19）。

图 3.1.19 中山岐江公园

（2）指尖的触觉。指尖的触摸是肌肤与外界直接的联系。摸到粗糙之物的坚涩，会使人感到不悦；摸到尖锐之物的刺痛，会使人感到恐慌；摸到柔软之物的顺滑，会使人产生愉悦。这些不同的情感，使人们对触摸产生着本能的好奇。而且，指尖的触摸还强化了景观带给人们的真实感。在公园中，扶手下刻有盲文的触板，可以使失明的人也“看”到景观的细节（图 3.1.20）。面对越战纪念碑刻满文字的石墙，仿佛人们轻轻地触碰，就会使它发出痛苦的呻吟。

图 3.1.20　扶手下的盲文字板

指尖对那些可以触摸的景观暗示非常敏感。在英国伦敦塔桥附近的摩尔顿广场上，有一系列暗示人们触摸的景观。人们途经这里时都会情不自禁地碰一下静静流溢的水面，连自由的小鸟也会在这里找到游戏的场所。这种不经意的动作使人暂时忘记了街道的喧嚣，甚至在跨越人工小溪时，也会产生孩子般欢快的心情。广场的尽头，有一小簇低矮的喷泉，人们需要弯下身体才能与喷涌的泉水接触。这个动作使行人在无意识中停留下来，体会与水游戏的乐趣（图 3.1.21）。

（a）行人可以触碰的水体

（b）景观也是小鸟的乐园

（c）低矮的喷泉

图 3.1.21　摩尔顿广场

（3）身体的触觉。除了足下和指尖，身体上所有可以感知的肌肤都对触觉非常敏感，春风拂面会使人感到惬意，寒风凛冽会令人感到畏惧。在法国里昂的日尔兰德公园中，设计师高哈汝在开阔的广场中央设置了一个阔大的浅层水膜。人们不仅可以赤脚行走其中，享受涉水而过的奇妙，当冷雾喷泉将广场覆盖时，朦胧的身影更使人们进入到一个神秘的梦幻世界。

在可参与的景观中，人们的活动方式与触觉体验紧密相连。在美国田纳西州的滨水景观中，哈格里夫斯不仅让流水的台阶成为了公共艺术的展场，还成为人们喜爱停留的佳所。无论是在台阶边缘赤脚探入水中的惬意，还是沿着台阶逆水而上，流经脚边的水体裹挟着人们的感知走向自然。在悉尼奥运会公共集会区的喷泉景观中，人们在穿越类似水帘洞的通道时，刺激的场景使身体的每一个部位都紧张起来。飞溅的水珠冲击着面颊和掩盖在衣服之下的身体，使人们从头到脚都在体验着景观的变化。在肖氏艺术中心外边的场地中，广场两端遥相呼应的喷泉，不仅掩盖了街道的噪声，还创造了一个可以亲身体验的环境（图 3.1.22)。

（a）流水台阶

（b）穿越式喷泉

（c）触碰式喷泉

图 3.1.22　不同形式的接触性水体景观

3.1.4.2　被动的触觉

触觉中的温觉、凉觉是肤觉体验中受环境因素被动影响的体验方式，影响因素包括环境中的光照、风速和湿度。

光照对温度触觉的影响，影响着景观体验的舒适度，不同的日照条件会产生不同的肤觉体验，它们的差别由皮肤对温度变化的敏锐感知的能力形成，高于或低于体表温度 0.003℃的细微差别都能够被皮肤所感知。相关的研究表明，树下的温度比阳光暴露的地方低 4℃，这就表明舒适的温度差异是引导人们喜欢在树下进行停留的主要因素（图 3.1.23)。

图 3.1.23　林下活动空间

在公共空间中，人们会根据不同的需要，寻找适合的日照活动空间，评判的标准以“安全”的肤觉体验为准绳。在适宜的温度和照度的场所中，活动的人群较多，而不舒适的肤觉环境，即使是高质量的景观也无法诱导人群进行活动。因此，也可以说人们在潜意识中通过对环境温度的选择，引导自身的行为活动。在肤觉舒适的前提下，适宜的阳光照射也是人们喜欢选择的去处（图 3.1.24）。

（a）前门大街躲在阴影中的游客

（b）树阴下休息的游客

（c）场地中的活动人群

图 3.1.24　不同日照条件下的活动方式

植物具有调节小气候的作用，使其在改善环境温度、湿度等方面起到有效的作用。一般情况下，由于树叶的蒸腾作用，树林内的空气湿度要高于空旷地的湿度。树冠的遮挡不仅降低了阳光对林下空间的热度辐射，也阻挡了地面和周边物体的反射热，使林下的空间更适合人们的活动。

风速对身体的感官影响最大，急促的、寒冷的风会带来不舒适的感觉，比如冬季的强风对室外活动的干扰非常鲜明。所以，舒适的自然风可以令人获得对自然的体验，稳定的风环境就是营造舒适的自然风，控制风速，阻挡不利风向的环境空间。树林可以起到减低风度的作用，可以通过乔灌草的立体栽植有效地降低风速，营造稳定的环境，也可以将地形和植物栽植结合在一起，阻挡和减弱不利的风向进入活动场地（图 3.1.25）。

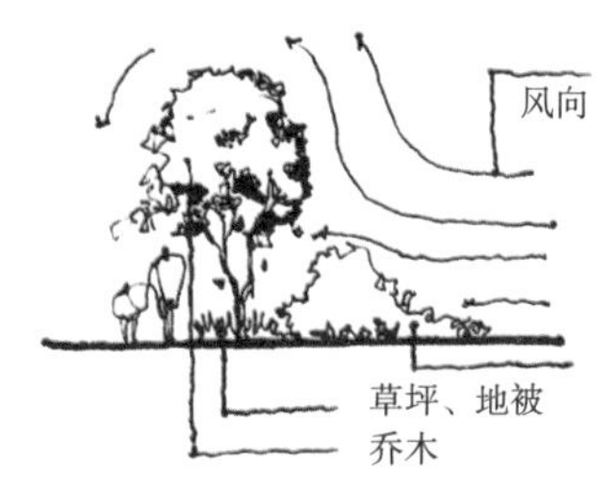

（a）利用立体栽植阻挡不利风向

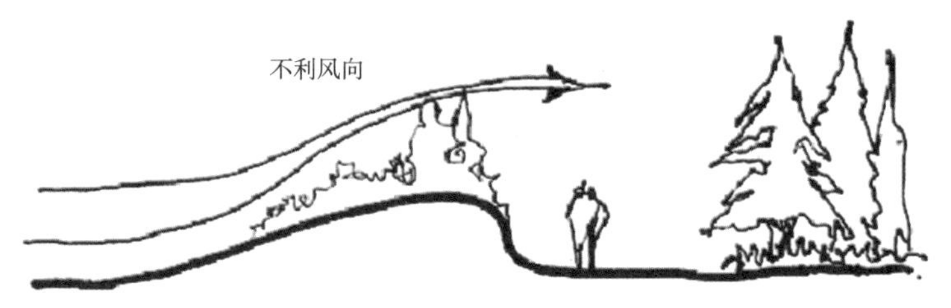

（b）利用地形阻挡不利风向

图 3.1.25　利用植物稳定风环境的方式

3.1.4.3 隐藏的触觉

触觉的发生有时隐含在其他的活动之中，在寻找、发现和运动的过程中，身体能够接触到的部分，都可以诱发触觉的体验。在美国泻湖公园中，红色的混凝土构筑物，不仅是道路，是雕塑，是水边的平台，还是一处与自然沟通的媒介。人们随时以最安全的方式蹲跪在水池边，直接用手探知自然的奥秘（图 3.1.26）。这种直面自然的方式，在美国旧金山海湾的濒危物种园里也可以找到。被土丘所遮蔽的蝴蝶草地，吸引着人们驻足其中，抚摸花草，追赶昆虫，这些充满着自然乐趣的体验过程，隐藏在场地的设计之中（图 3.1.27）。

图 3.1.26　泻湖公园

图 3.1.27　蝴蝶草地

触摸带来的体验，充满着与生俱来的亲切感，那是安全的、有趣的过程。在足底、指尖和身体的每一个部分，都存在着自然的奇妙和精彩。这种出现在肌肤上的体验世界，在景观设计中无法完全通过景观的形式语言进行表达。它需要设计师为人们提供触摸的方式和空间，也需要设计师对人们的需求和活动进行深入细微的探察，才能够发现这种带着神秘特征的体验途径。

3.1.5 嗅觉和味觉体验

景观中的味道首先来自于植物，培根曾说植物的香味有不同的品质，有的香“飘过时”好闻，有的香“压碎时”最香。植物独特的气味，是其他景观要素所没有的特质。这些气味或浓或淡，显示着每个物种的不同。芳香花园就是利用植物的这种特性修建的景观，它由散发着强烈气味的植物和花卉组成，在薰衣草、美国薄荷、孔雀草等芳香植物的共同作用下，庭院在不同的季节里呈现出不同的味道，使人们随时体验到季节的更替和时间的流逝。芳香花园还被用于为盲人设置的景观中，通过气味引导残障者体验自然。在中国古典园林中，对“香气”的体验也是园林花木搭配依循的重要原则。拙政园中有很多以“香”为主题的空间，如“雪香云蔚亭”“玉兰堂”“远香堂”“香洲”“香影廊”等。除了植物的芳香，湿润的土壤、切割后的草坪、干燥的茅草都有独特的味道。

嗅觉对唤醒记忆有明显的作用，并与情感关联。不同的气味来自不同的场景和记忆，如大海是一种略带潮湿苦涩的味道，秋天是庄稼成熟时香甜的味道，这些味道会引起体验者不同的心理变化，并与某种情感相关。在从市区进入到风景区的过程中，最鲜明的感觉就是味道的不同。城市中的味道是污浊窒闷的，山里的味道是清新舒畅的，这种糅杂着树木和青草芳香的自然气息使体验者倍感轻松，心情愉悦，在回到城市之中时，这种感觉会更加明显。

在特殊的环境中，对气味的强化可以使嗅觉体验成为景观的主体。上海世博会的法国馆内有一个嗅觉体验区，这里是一系列悬浮的圆形半封闭空间，每处空间的内壁都绘有不同的图画，还有与画面相匹配的味道。在这里体验者不仅会闻到凡尔赛的玫瑰花香，奶油面包卷的香甜，还能闻到上海市花白玉兰的气味，穿梭在不同的味道之间，使体验者感到新奇和兴奋（图 3.1.28）。

图 3.1.28　芳香花园

味觉的景观感知可以通过直接品尝植物及其果实的方式实现，也可以通过色彩联想等方式实现。在葡萄采摘园中，在人们面前出现的是可以“品尝”的景观，一边采摘甜美诱人的果实，一边可以放入口中随时品评。2009 年的澳大利亚 Bondi 沙滩雕塑展中有一件以糖果为主题的沙滩雕塑。艳丽的色彩在湛蓝的背景下分外夺目，光滑的雕塑材料和糖果般的造型，仿佛使人们品尝到了甜甜的味道，并勾起人们对童年糖果的美好回忆（图 3.1.29）。

图 3.1.29　具有五官感觉体验的沙滩雕塑

3.2　个体感知的模式

景观的个体感知来源于三个方面，分别是主体的身体运动、情感变化和价值判断。身体的运动以主体在景观中的行走或停留为基点，参与到景观提供的活动中去，在这个过程中，所有的感官都对景观信息开放，不断摄取令体验者喜爱或惊奇的事物。充足的景观信息在“刺激—反应”的作用下，使体验者的情感发生变化，情感的逐渐展开和积累与景观空间秩序上每一处的体验内容密切相关，最终的意义认知和解读将体验情感推向高潮。所以，景观体验不仅是个体感知信息的积累，还是一个时时互动的过程，体验者需要能够随时获得与景观交流的机会，才能够真正体验到景观的魅力与价值。

3.2.1　直觉认知模式

体验是一种以个性化方式度过的特殊时光，所以，人们接触景观的方式，首先从具有个体特征的直觉开始，在接触景观的刹那之间，人们对空间难以进行理性的分析，却同时拥有类似真空般的认知，它充满了感性和直觉的特征，呈现出体验的最初状态。直觉意识从感知中提取核心的抽象要素，并将空间按照人的身体进行无意识的、结构性的转化，转换的媒介就是感知状态中身体的感受和变化。

3.2.1.1　本能的喜怒哀乐

情绪是一种本能的感受，面对不同的景观人们会产生喜怒哀乐不同的情绪，还会伴以相应的行为。峰顶守候壮丽的日出，人们会欢呼雀跃；深入溪涧游戏山林，人们会笑语欢歌。这种认识世界的主观经验还与主体的内因密切相关。在回忆、联想、想象等心理活动的作用下，景观会发生“感时花溅泪、恨别鸟惊心”的感情投射。清凉的海风、奔腾的云海，这些寻常的景色在不同的景观情境中，也具有不同的含义。在图 3.2.1 中，各种不同形式的观景台为人们创造了不同的体验空间，图（a）中没有围栏的悬挑台，使人的体验在没有束缚的情况下与波涛拍岸的大海相遇，情绪由最初的恐惧、惊奇，转向与环境融为一体的“畅爽”；图（b）中溪涧之上的观景台提供了最佳的观赏地点，安全的护栏使对自然的体验处于舒适惬意的情感之中；图（c）中临海住宅的室外平台宽敞而简洁，屏蔽了其他景物的干扰，使这里获得了世外桃源般的宁静与轻松。体验者对景观的体验，随着思绪的漫无目的和缥缈，进入到本能的情感之中，只有炭火在提醒人们这里与自然的与众不同。

（a）海边公园的眺望台

（b）山区的观景台

（c）望海的沉思者

图 3.2.1　形式不同的观景台

虽然景观会激发人们相似的情感，但情绪的变化随着主体心境的不同，也会产生较大的差异。“忧者见之则忧，喜者见之则喜”，这种带有主观性的“心境”体验，使情绪转化为具有个性特征的体验结果，并带给主体较为持久的情感记忆。

3.2.1.2　身体的运动变化

体验初期的直觉状态，使身体在空间意识中变得十分重要。身体的行走使空间具有了方向感，那些弯曲的、笔直的、上升的、下降的空间描述都因为身体的运动而具有意义。因此，空间的转换和变化，如果不用身体进行“测量”，就会出现认知上的困难。大学生冯炜描述了一次有趣的园林测绘过程。课程要求学生用半天的时间，丈量园林，并徒手绘出相关的图纸，然后结合书籍的分析，评价空间的构成和特点。在一处以假山为主的园林里，复杂的假山系统使传统的平立剖图纸很难表述空间的关系，在感到枯燥和束手无策之后，学生们开始了捉迷藏的游戏，很快就基本掌握了整个假山的格局，何处可以容身，何处相互瞭望，何处与外面的景致有对应的关系[60]。游戏的规则为身体的介入提供了目标，规则的遵守则依赖于对空间的直觉判断，十分复杂的事情，在直觉的帮助下变得有趣而轻松。这时场所的意义也十分清晰地呈现在人们的面前，假山本身就是为了创造这样的体验而设置，如果不借助这样的方法，怎么才能够真正了解它的本质？那些抽象的图纸和适合于专业人员的方法，并不能为真实的体验带来多少帮助；相反，非理性的直觉体验才是理解空间的有效途径。

在贾克 · 西蒙的许多作品中，都讨论了地形与人们活动的关系，虽然，设计师的创意是对自然景观的片段模仿，但对于使用场所的人们来说，空间的攀登和下降是一件奇妙的事情。在真实的体验中，抽象的设计构思回到了本能的起点，那就是身体的运动（图3.2.2）。

（a）自由的地形

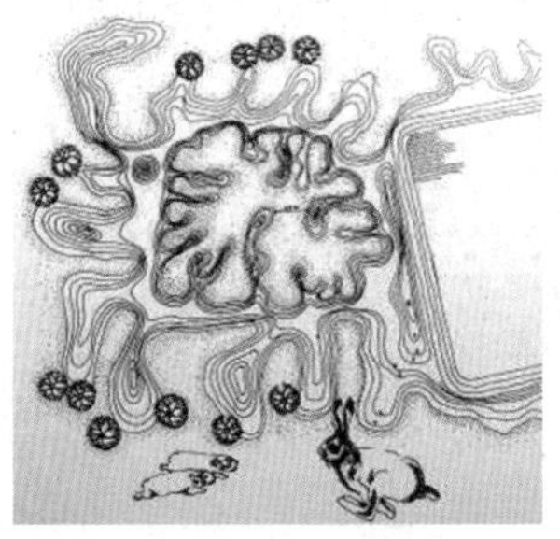

（b）自由的布局

（c）奇妙的空间

图 3.2.2　贾克・西蒙设计的住宅景观

哈格里夫斯把这种运动从作品中抽离出来，演变为一种视觉的景观形象，使人们在心中完成幻想式的身体运动，以获得与众不同的景观。在日本国家科学创新博物馆的内庭院中，高低起伏的地形和穿越其中的水面，传达着日本传统文化和科技创新的结合统一。土丘和水体的概念来自对传统池泉园的借鉴，虽然设计师放大了地形，加高了的尺寸，突破了传统景观的微缩格局，但保留了日本园林静观式的景观精髓，只不过人们在心中描画的是真实的身体运动，而不是抽象的思维（图3.2.3）。

图 3.2.3　日本国家科学创新博物馆庭院

场地的不稳定感同样隐喻了身体的运动，倾斜的坡道不仅仅代表了地形的变化，也预示着人们在行走时身体的负荷与运动的方向。波动的土地是一组位于自然环境中曲折变换的地形，倾斜的、不规则的界面变化，使空间充满了想象力，它既向周边的空间开放，也向人们的身体开放。使用者发挥着无穷的创造力，用各种不同的肢体语言与景观接触（图3.2.4）。场地的不稳定状态也会带来的不同的直觉认知，在平稳的环境中，身体会选择用常规的方式认识景观，而在这里，倾斜、俯卧都可能是身体对景观的解读方式（图3.2.5）。

图3.2.4　波动的土地

图3.2.5　波动的平台

3.2.1.3　心灵的虚拟世界

心灵的直觉活动使体验的行为由外在转入到内心，通过景观的方式构筑了一个特殊的心理空间，它需要调动个体已有的感知记忆和当下的直觉判断，在体验的过程中，寻找景观的意义。

日本枯山水的景观体验以静观为主，虽然它不强调身体在景观中的活动，但需要体验者投入一定的时间和情感，进行一系列的心理活动，才能真正体悟到景观的内涵。图3.2.6中的一系列图片描述的是欧洲人在日本龙安寺庭院中的参观过程，表现了体验者从迷惑到了悟的体验过程。

在这个过程中，体验者已经不仅仅看见了视觉告诉他的信息，而且在景色中寻找到了属于自己的空间，“心思把见到的景物化为在别处见过的旧风光”。但这并不是庭院的最终目的，一眼洞穿的庭院为的是让体验者在有限的景观中，经历从现实到幻觉，从幻觉到真实的心理历程。

禅宗哲学认为生命就是寻求人与自然。每个物体都有其内在的天性，如一个人、一段木头、一块石头，无论其有无生命，人们都应深入思考和探索，用最敏锐的方式发现并揭示它的最高价值。在禅宗的庭院中，体验者开始关注每块石头的纹理、形状和色泽，开始关注石头的数量和石头之间的空间关系，最后看见的是关于石头的所有。这就是通过庭院参禅的目的，超越自我，抛掉对事物固有的看法和成见，发现事物自身的本质。眼前不再出现山山水水，不再计较石头之间的游戏，达到思想自由之境，达到开悟。这就是静观式园林带给观者的心灵的体验。

（a）朴素的寺院入口

（b）穿过长长的砂石庭院，参观者需要脱鞋而入，脱鞋的过程可以平定情绪

（c）进入后，参观者立刻被庭院所吸引

（d）坐下后静静地观赏

（e）初见空荡的庭院，参观者感到疑惑

（f）带着疑惑，静心望石观砂， 追求直觉顿悟

（g）观赏石头的形状和纹理

（h）观赏石头之间的组织关系

（i）观赏材料本身的细节

（j）从不同的角度观石、观砂、观围墙

（k）思绪不期然把石庭幻化为别的景物，化为山山水水

（l）石头是岛屿，砂粒是大海

（m）泥墙上斑驳的油漆逐渐变为斜阳落日，形成另一幅美景

（n）具有禅宗意味的林间佛像

图 3.2.6　龙安寺的内心体验过程

对于参观者如此，对于在寺庙中修行的僧侣们来说，这样的庭院还有另外一层含义。庭院中的砂石需要每天定时修整和耙扫，在细心塑造水纹的同时，这种操作也是一次心灵的修炼。

3.2.2 参与互动模式

参与互动是指体验者在主动选择或无意识状态下对景观活动的参与和反馈，比如游乐园中对娱乐设施的使用就是一种最简单的参与方式。但设施的使用只能进行简单的感官刺激，获得的是短暂的快乐，难以产生心理上的满足感与成就感。互动性是人与景观之间的交流，是具有主体自发性的探索和向往。这种交流既建立在感官认知的基础上，也建立在人与土地、人与植物、人与动物和人与人之间的关系上。

3.2.2.1 人与土地之间的融合

在更广泛的意义上，土地是景观的基底，人与土地的互动更多体现在对土地上所出现的景观元素之间的关联，比如植物、水体等。抛开那些附属于土地的景观元素，把土地作为独立的审视对象，同样可以用身体和思考的方式进行体验。

（1）与身体的融合。人与土地之间除了生存的关系，还可以通过“互相拥有”的方式使身体与土地相融。景观为身体接触提供一定的空间和场所，使人产生“拥有”的动机和行为，使人与土地的接触性关系除了站立、坐下，还可能躺下、埋入、跳跃。用艺术化的方式整理土地的形态，可以使其成为被欣赏和观察的对象。威尔士国家植物园内有一处波浪状的草地，高低起伏的泥土与周边平坦的牧场形成了鲜明的对比。这处私密的场所可供人们沉思，静静地躺在倾斜的草坡上，感受清风的吹拂和阳光的照耀，人们可以逐渐体会与自然相融的奇妙感觉（图 3.2.7）。土地的韵律使场所有了梦幻的感觉，静心思索成了顺理成章的体验，把自己幻想为土地上生长的植物，成为环境中的必要元素。

（a）褶皱的立面　　（b）人们被“埋入”景观

图 3.2.7　威尔士国家植物园波浪状草地

（2）对价值的反思。体验对象的自身转换，也会在人与土地之间建立联系。被毁坏的土地成为了体验的目标，在破坏的过程中，自然的真实呈现出人为破坏的残酷。人们对土地的体验不再是具有优美意义上的欣赏，而是修补后的反思。在图 3.2.8 中，旧采石场对环境曾经产生了较大的破坏，留下了许多裸露的岩石和碎片，成为混合了自然和人工两种元素的场地。设计收集了散落的碎片，与开凿过的岩石、大理石按照新的秩序重新并置，组合成连续的大地景观。这里的观景台，除了可以眺望开阔的远景，下凹式的空间为身体带来坚硬的触觉，体现了一种残缺的美感。

（a）挖掘后显露的石块组合　　（b）大理石砌筑的观景台

图 3.2.8　希腊雅典戴奥尼索斯旧采石场景观修复

3.2.2.2　人与植物之间的共生

作为装饰和构成的必要元素，许多景观都栽种着大量的植物。它们往往占据着主要的景观用地，尤其在土地资源有限的城市景观中，植物和活动场地往往处于争夺空间使用权的局面，结果经常是两者相互隔离，截然分开，人们很难近距离地接触和感受植物的品质。事实上，植物始终在向人们的感官发送着信息，强化对这些信息的接收，可以使人们体验到与植物交流的快乐。

（1）绿视率的影响。人与植物之间可接触性的体验，来源于人们对植物的认知。由增加植物的接触界面得以提高的植物“绿视率”，直接影响着人们对环境的评价，绿视率愈高，对环境的评价愈好（图 3.2.9）。曼哈顿屋顶花园以强化软质的景观设计为主，设计师别具匠心地选择了在颜色和味道上赋有特色的植物，形成四个相对私密的活动空间。与冷漠的城市比较

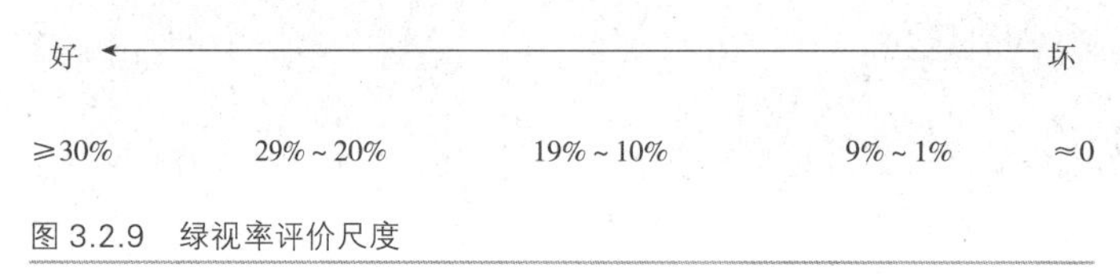

图 3.2.9　绿视率评价尺度

起来，座椅的周边都是触手可及的植物，清新而雅致的色彩搭配使这里成为幽雅静谧的场所（图 3.2.10）。

图 3.2.10　曼哈顿屋顶花园

（2）园艺式的互动。植物的可接近性伴随着人们对它们的深入认识得以实现。通过阅读树木上的铭牌可以增进对植物名称、特性和生长习性的了解，这个简单的过程深化了人与植物之间的关系。伊丽莎白和诺娜 · 埃文斯疗养花园为不同的人群提供了接近植物的可能。花园是植物园内的一处公共区域，人们不仅可以考察植物，触摸植物，还可以通过园艺栽植治疗某些疾病。人们通过对园艺知识和植物栽植的学习，纾解病痛，放松心情，并被植物的神奇所打动（图 3.2.11）。

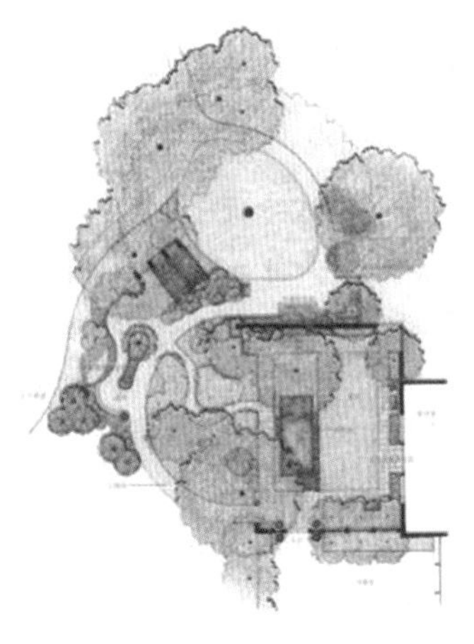

（a）总平面图

（b）触摸植物

（c）学习园艺知识

图 3.2.11　伊丽莎白和诺娜 · 埃文斯疗养花园

3.2.2.3 人与动物之间的了解

乡村和郊野半自然化的状态为动物提供了栖身之地，这里有可以保护它们的洞穴，有可以寻觅的食物。动物生存与人类世界相互隔绝的状态，使人们对动物的了解经历了一个有趣的过程。在肯尼亚的国家公园中，7 岁的狮子如果杀死后卖其皮肉，大约可以获利 100 美元；如果供游客进行狩猎，可获利 1000 美元；如果以安全为前提，供旅游者在近距离的进行观赏和拍摄，全年可获利 5 万美元，同时狮子还自由的活着。体验不同生命形式自由的存在，是这些体验者自愿付出高昂代价的原因。

（1）营造生态型小公园。在城市景观中，虽然植物的种类和数量也非常丰富，却很难看见那些有益的小型动物，比如鱼类、鸟类等。要想增进人们对动物的了解，首先需要为这些动物提供可供生存的环境，使它们出现在人们的视野之中，才有可能达到了解和互动的目的。因此，那些具有局部生态效应的小公园就具有非同寻常的意义。加拿大史丹利公园鲑鱼溪流是为大马哈鱼洄游产卵提供的人造景观。城市扩张使温哥华市内的天然溪流急剧减少，人们不仅很难见到这种鱼类，更无法观察到它奇特的生命循环现象。溪流设计模仿了自然的生存环境，并利用了水族馆的循环用水，天然石块和风化的原木遮掩了水泥的驳岸，周边栽植了天然的灌木丛和植被。建成后良好的生态效应，为人们带来了新的体验，溪流上架设的许多桥梁都成为了体验鲑鱼洄游现象的最佳之地（图 3.2.12）。人工溪流的建造不仅为城市添加了一道美丽的风景，也使人们更好的了解到人类与生态环境的关系。

（2）人工设施的生态化利用。除了模仿自然生境的结构和外貌，人工的设施同样可以达到相同的目的，只要考虑到生存所需的条件，动物们会自己选择可以利用的空间。美国泻湖公园的目标是寻求景观形式、基础设施和自然生态三者统一的可能性。公园中复杂多变的混凝土造型是一个多元化的系统，既是坚固的堤岸，能够防止洪水的侵蚀和破坏，又是水上的道路和桥梁。独立于水面之中的部分，还为各种鱼类、海龟和鸟类创造了生存的微观环境。泻湖还负担着市区泄洪的作用，混凝土的造型会顺应水位的变化而呈现新的形象。总之，这里不仅是艺术化的景观场地，还是一个生态群落不断演化，生命可以繁衍生息的自然之地（图 3.2.13）。

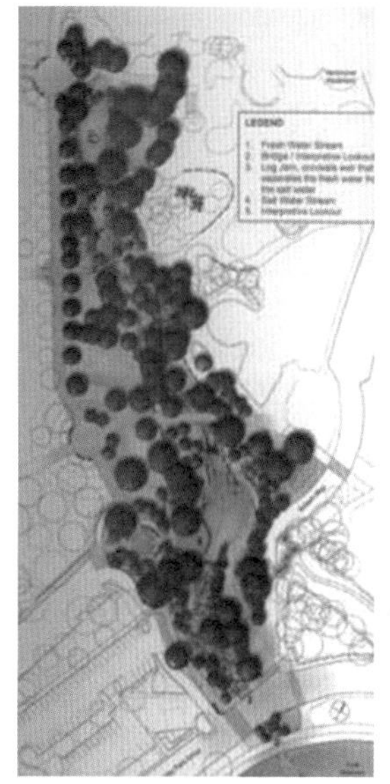

（a）总图

（b）供鲑鱼洄游的人造溪流

（c）溪流上的观赏点

图 3.2.12　史丹利公园鲑鱼溪流

（a）混凝土步道

（b）水中独立的混凝土造型成为两栖动物的乐园

图 3.2.13　美国泻湖公园

3.2.2.4　人与群体之间的交流

沟通和交流是社会群体的本能，即使没有语言上的沟通，通过观看也可以与他人产生互动，然而深层次的体验是景观可以为人们带来自由选择的机会，通过多样的活动表现，使人们能够互相了解。

（1）通过临时性聚集进行交流。灵活多变的小型空间在边缘效应的影响下，很容易形成尺度亲切的聚会空间，这种聚会具有临时性，场所内的偶发事件都可能构成聚集的核心，比如临时性的表演、突发的事件等。图 3.2.14 所示的是加拿大多伦多中央滨水区紧邻湖畔的城市商业区，设计者用一套强劲有力而又简洁明了的设计语言打造出独特的景观区域。波浪起伏的地面和桥面，打破了线性景观的单调和冗长，并将景观划分为形态自由的小空间，为进行不同的活动提供了可能。人们根据自己的意愿选择空间的使用方式，而不是根据景观提供的座椅选择停留的地方。波浪桥带给人们攀登的体验，自由穿行的扶手可以是极限运动的乐园，也可以是人们休息的座椅。景观语素的多重意义使这里既是交谈约会的场所、附近学校的室外课堂，也可以是青年展示才华的舞台，使用者之间良好的互动使场地总是充满了激情。

（a）扶手上的极限运动者

（b）扶手上休息的人群

图 3.2.14　多伦多中央滨水区

图 3.2.15　美国纽约总督岛的夜景演出

（2）通过主题性聚会进行交流。主题聚会具有更强的组织性，人们交流的目的更明确，活动也基本保持一致。这样的聚会对场地往往有相应的要求，只有保证和满足聚会的条件，交流才能正常进行。人们之间的互动程度受聚会类型和规模的限制，规模越大的聚会，单向参与程度越高，主题互动的可能性越小。在图 3.2.15 中，夜景演出是聚集人们来到这里的主题活动，在开放性的草坪上进行表演，活动的氛围更加轻松和自由，人们既可以选择沉浸在演出的氛围中，又可以按照自己的方式，三五成群地聚集在一起。

3.2.3 意义解读模式

体验由直觉的感受过渡到理性的认知，需要借助一定的帮助才能实现，这并不意味着景观形体本身就需要意义清晰的形态，过于直白浅显的形态会压缩体验的过程。然而，过于抽象的形式也会造成解读的困难，这就需要借助文字、图片等说明性语言的引导，使场所的意义逐渐清晰，否则会由于含混不清或者意义混淆，使体验者失去兴趣或者误读，甚至不读。

3.2.3.1 文字的叙述

作为信息性的文字叙述有文字解释和文字提示两种方式，它们都可以像书籍阅读一样，作为体验景观的工具。文字解释更趋于简洁的叙述，通过言简意赅的表述，使体验者了解景观的来龙去脉。文字提示则应用得较为广泛，它通过片段的关联，加深人们对景观的了解，并为体验者创造可以想象的空间。林璎是善于运用文字进行景观创作的佼佼者，在美国越战纪念碑的设计中，她就用刻满了名字的纪念墙，作为景观的主体。同样，在其设计的“女子桌”中，椭圆形石桌上刻印的数字显示着每年在耶鲁大学就读的女学生的人数，随着时间的延续，数字在不断地添加。为了使文字表述的意义更加清晰，数字选用了与课程表一致的独有字体，使人们在看见这些数字时，能够清晰地意识到景观所蕴含的意义（图 3.2.16）。

（a）椭圆形的石桌

（b）数字代表入学年份和学生人数

图 3.2.16　女子桌

有时，文字会成为景观的灵魂，它不仅通过阅读的方式，使人沉浸在文字描述的景观世界里，也是景观语言生成的基础。林璎在美国克里兰夫公共图书馆设计的“读花园”

中，将通篇的诗歌刻写在景观中。这是为了这个花园专门创作的诗歌，并制成了便于携带的手册，分发给穿行的人们，作为阅读花园的书籍。所以，在这个花园中，语言、文字、诗歌与阅读是景观中不可分割的部分，它们是花园意义的精神载体，彼此之间传递着专属的意义。中国的传统园林也是充满诗歌和文字的景观，匾额、楹联都是用艺术的语言描绘景观的灵魂。阅读的过程，就是体验的过程，阅读的结果，就是意义的显现。文字作为彰显意义的必要手段，以准确清晰的形式出现在景观之中（图 3.2.17）。

（a）刻有文字的石碑

（b）花园全景

图 3.2.17　读花园

3.2.3.2　理念的转化

理念属于抽象的范畴，为理念赋予形式化的外衣，可以增强其被体验的可能性和准确性。理念的转化可以通过艺术的方式实现，比如在在詹克斯的苏格兰“宇宙思考花园”中，宇宙的跃迁、发展等意识问题，通过奇特、夸张的大地艺术造型展现了抽象的思维理念（图 3.2.18）。人们对这些形态的感知充满了询问与好奇，体验从如画的风景开始，走入到抽象的宣言，通过视觉的逻辑印证着理念的内涵。

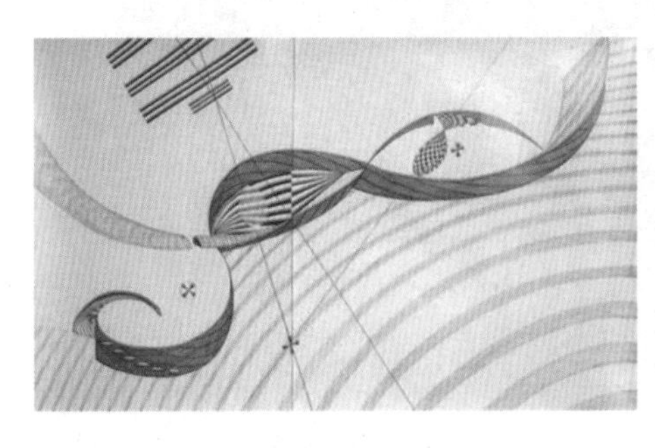

（a）花园平面图

（b）断裂的土地

图 3.2.18　宇宙思考花园

理念还可以通过景观的组织逻辑进行转化。在以环保主义为主题的作品中，被废弃的材料，被破坏的环境就是最好的理念表达，将它们通过景观的逻辑组织在一起，远比说教的方式更容易被人们所理解。在西班牙的盐滩沼泽地中，修复后的沼泽植被为各种沼泽动物提供了适宜的生境。设计师从附近的村镇回收了许多废弃的材料，制作了桥梁、休息区和观景平台。这些观景区提供了开放的视野和自由使用的方式，它们的出现仅仅是对人们感知环境的提示，对它们的使用带有人们主观性的创造和修改，可站、可坐、可遮蔽，也可以视为景观的元素。如同从休眠中苏醒的沼泽地一样，这些被废弃的材料重新焕发了力量，不仅为人们提供了与自然交流的场所，还是一次生动的教育体验（图3.2.19）。

（a）对动植物生存环境的分析

（b）用回收材料制作的桥

（c）用回收材料制作的休息区

图 3.2.19　盐滩沼泽景观修复

3.2.3.3　意义的追问

景观不仅仅是设计的艺术，还肩负着解决社会问题的责任，这使景观具有了特定的社会意义和价值。那些由城市棕地改造的景观项目，不约而同的保留着土地被人类破坏的痕迹。面对被污染的土地，冷冰冰的机器和废弃的设施时，除了对景观美学意义上的感知外，将人类对自然的定位和对土地利用的方式等问题会上升到意识层面的思考。对意义的追问，使景观的体验不仅包括娱乐和审美的内容，还包括教育和学习的内容。

西班牙山谷中的垃圾场于 1974 年开始投入使用，城市的扩张使这里很快就堆积了超过 80 米厚的垃圾层，不断渗出的液体和随时可能垮塌的垃圾使这里成为了充满危险的地方。景观设计师被委派完成更新和改造的任务，这就意味着重建后的公园，既要解决技术上的问题，又要使参观者了解垃圾对环境的破坏和由垃圾飞速增长带来的环境压力。改造后的公园对水渠和地形都做了技术性的处理，并通过监控了解适合这里生长的植物种类。同时，场地内的垃圾也转换为景观，成为具有教育意义的真实展板。筛选过的垃圾被压缩密封，放置在由钢筋编织的导引墙中，它们既是风景构成的要素，也是对人类破坏环境的控诉（图 3.2.20）。

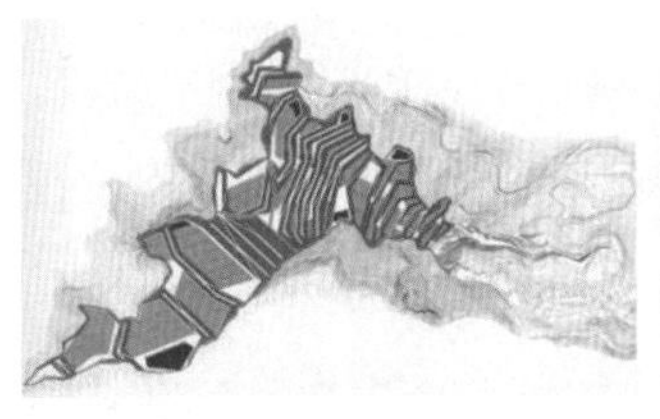

（a）内嵌在山谷中的垃圾场

（b）用梯田式的方法处理地形

（c）垃圾遍地的现场

（d）密封的垃圾

（e）改造后的公园

（f）防渗的边坡

图 3.2.20　垃圾场的景观再生

3.3　个体感知的方式

个体感知的信息主要来源于身体，五感之间的关联使视觉、听觉等感觉综合在一起发生作用，体验者在立体的感官世界中，对景观进行整体的认知和评价。同时，身体的运动使景观中的路径、界面及其场所成为感知信息的媒介，成为重要的体验对象。有目的、有意义的活动成为吸引人们参加的事件，并为空间赋予了特殊的场所精神。

3.3.1　感觉关联

在景观体验中，五感不是独立发生的个体，而是同时发生作用的整体，感觉信息的联系使它们的综合作用超出感官所能涉及的范围，出现超越感官之上的体验。

3.3.1.1　联觉

在心理学上，联觉指对一个感官或感觉区域的刺激，会引起另一个感官或感觉区域的反应。在扬州个园东南向的一个小庭院中，院内南墙背阴处堆叠着由雪石构筑的假山，石体布满白色的晶体颗粒，形如未消的积雪。为了强化人们对冬天的体验，南墙上开有许多圆形小洞，位置高低不一。南墙外是狭窄的高巷，在气流负压的作用下，微风掠过孔洞的声音，高低不同，犹如北风的呼啸，故名为“冬山”。“冬山”之景不仅通过色彩诱发人们寒冷的触觉体验，还模拟了听觉的体验，多种感觉体验的综合使人身临其境（图3.3.1）。

（a）园内的石景

（b）园外的高巷

图 3.3.1　扬州个园中的“冬山”

3.3.1.2　超感觉

联觉体验是对传统五感的组合和变化，除此之外，不同景观元素的组合还可以表现超越感觉层面的第六感或超越意识层面的其他体验内容，这不仅拓展了景观体验的范畴，还为景观笼罩了一层神秘的面纱。建筑评论家詹克斯与园林设计师玛吉在其宇宙思考花园的蔬菜园中，用雕塑和景观编码将其塑造为能展现人类 DNA 和第六感的场所。他认为直觉非常重要，并将其视为五感之外的第六感。花园中，一只巨大的鼻子雕塑被用来表达嗅觉的概念，周围环绕着带刺的、散发香气的、形状奇异的不同植物，如蓟草、荨麻、五角星草、牛至、薰衣草和百里香，诸多芳香植物的环绕，使体验者在直觉的判断下，理解到景观的主题。

奇异的场景和光线的变化，也会带来超越感觉的神秘体验。那些不可控制的自然因素强化了与众不同的形式，在这样的空间中设置一处可以身临其境的处所，会使神秘的体验从形式走入内心。位于美国南部的沼泽花园里到处都是高大的杉树，在一小片布满睡莲的水面中树立了一些巨大的钢杆，并用金属细线相互连接。细线上悬挂着一种可以依靠空气湿度和灰尘养分生存的西班牙水草，形成了一组组巨大的垂幕，飘荡在水面之上。在这个相对封闭的奇特空间里，阳光在一天之中不断变化，使得周围的景色或是透明、或是幽暗。静坐在水边的平台上，使人仿佛进入了一个神奇的世界，超越了现实的羁绊，在真实和虚幻之间游移（图 3.3.2）。

图 3.3.2　West 8 设计的沼泽花园

3.3.2　身体运动

身体在景观中的运动，使体验在空间的串联中展开。与身体运动关联的体验对象包括路径、界面和场所。路径提供了行走的过程，它可以停留，可以观赏，可以思考，还可以学习。路径的作用使两侧的界面成为体验的重点，是丰富体验的重要载体。场所是由路径串联的空间，不停变换的空间形式由空间功能和使用方式的变换所导致。空间内容的不断累加，使体验的内容不断丰富，诱发了复合性体验的生成。

3.3.2.1　路径体验

路径是身体在景观中的通行路线，它不仅是体验的对象，也是体验变换的媒介。路径体验受到很多条件的影响，首先是路径通行的速度。步行的速度和车型的速度所带来的景观体验截然不同。在步行状态下，体验者将有更多的时间关注景观的形象和内容，容易从景观细部和活动中获得深入的体验。依据身体的生理机能，休息和停留成为体验活动中重要的组成部分，路径上的休息区和休息设施是提供舒适性体验的关键。步行活动的自由灵活，使路径的曲折变换成为必然，这也是乡村道路的典型特征。而在快速通行的路径中，人们主要获得对景观的印象，景观的整体形象远远比细节更容易被体验者感知和记忆，比如树木冠幅的高矮、分支点的位置，往往比树木叶片的大小和形状更容易分辨。

其次是路径通行的工具。不同的工具提供了不同的体验角度和视野，比如在苏州木渎古镇的河道中，乘船而过的体验与漫步河边的体验截然不同。乘坐乌篷船不仅更贴近水面，而且更容易分辨水体的味道、水面拍击的声音和船体在水中波动的程度，意味着乘船的体验糅杂了听觉、触觉和味觉体验的成分，与河畔行走相比起来，体验的内容更多，层次更深入。因此人们更喜欢乘坐船只来体验木渎的水乡文化。

最后是路径穿越的方式。路径的载体是决定路径形态的主要因素，不同的穿越空间对路径提出了不同的要求。比如，生态敏感区中的路径，需要采用架空的方式，避免对自然生境的干扰；地形变化复杂的路径，需要因循地形的变化设置路径，避免与地形发生较大的冲突。

3.3.2.2 界面体验

身体在路径上的运动使体验始终伴随着空间而变化，并使物质化的界面成为体验的对象。但是，单一的视觉界面并不能带来体验的满足，身体在运动中产生的时空变化，需要保持界面的连续，由界面呼应和关联所产生的意义能够为空间赋予不同的内涵。因此，界面蕴含投射的意义和功能，超越了空间围合的作用。

（1）连续界面衔接体验内容。统一的界面变化一方面起到整合空间的作用，一方面保持体验活动的连续性，有利于体验者对场所的完整认知。同时，在保持界面完整的前提下，可以进行方向和高度的变化，使空间呈现出跳跃的状态。美国格林湾福克斯河岸区被设定成繁华的木板路，可以拥有多种用途。拼接而成的木质散步道呈波浪形，局部的折叠表面成为防洪堤，高处是瞭望台，低处成为亲水的斜梯。河堤的表面可以自动调节角度、高度，并进行自由组合，按照人们的意愿在折叠的地形中寻找属于自己的空间（图 3.3.3）。

（2）动态界面活化体验空间。不稳定的界面对不同的人来说，可以产生多解的效果，解释的过程与个性化因素的结合，使空间充满了相异的体验活动，典型的表现就是身体会对不同的界面作出不同的动作。以图 3.3.4 为例，在德国 Tilla Durieux 公共公园内，狭长的土地沿着纵向的轴线进行了两次翻转，形成坡度不一的连续草坪。公园没有围栏，人们可以自由进入。倾斜的草坡对于保守的人来说，是一个不错的绿色界面，用以隔断道路和公园；对于孩子来说，自由进入相当于奔跑的代名词，充满了运动的自由；而在阳光明媚的日子里，草坪上到处是休闲的游客，或读书看报，或享受阳光。松软的草地不仅适于躺卧，还是孩子游戏时安全的天然地毯。

图 3.3.3　福克斯河岸区

（a）扭转的草坪

（b）安全的游戏场地

（c）在阳光中休闲的人群

图 3.3.4　Tilla Durieux 公共公园

3.3.2.3　场所体验

场所具有鲜明的主题，它可以是历史性的人文精神，也可以是元素性的景观构成。它往往与人的活动和事件紧密相关，并设定了特殊的情境，诱发使用者特定的心理活动和情感变化，为空间赋予稳定的场所意义。具有场所感的空间，在景观和体验者之间营造了对话和沟通的途径，策划了可以激发人们心理意象和情结的各种活动，最终构成主题鲜明的意象情境。Mikado 广场是一处不规则的场地，许多建筑都将入口设置在朝向场地的方向，使这里几乎成为了交通的空间，失去了广场应有的完整性。因此，作为广场主体的路径被设计师有意地进行了放大，并用蓝色将一条人流相对较少的路径与其他的道路区别开来，创造了一处进行“游戏事件”的场所。蓝色的道路上放置着许多色彩鲜艳的潘顿椅，这些充满想象力的、状如玩具的座椅为人们提供了不同的使用方式，使其体验的过程充满了游戏的冲动和激情，表达着使用者不同的个性主张（图 3.3.5）。

（a）广场鸟瞰

（b）道路上的设施

（c）景观对所有的人都开放

图 3.3.5　Mikado 广场

3.3.3　事件参与

人们在景观空间中的活动，大部分处于自发的状态，根据自己的需要，三五成群地进行着各种活动。当参与的人数越来越多，活动的形式趋于统一，或活动的目标趋于稳定时，活动就衍生为事件，即人们为了相同的目的和体验，而进行的相似或相同的行为。这时，事件就成为影响景观形式和内容的因素，在景观中激发事件或创造事件，也成为有趣而特殊的体验内容。

在三亚的滨水景观中，沙滩、树下、空地中人们的活动方式相对固定。如图 3.3.6 所示，在图（a）和图（b）中，固定的景观设施和空间布局，使事件的发生成为必然；而在图（c）中，事件的发生则是必然和偶然交织的结果。人们在固定的时间内自发地形成了健身的集会，活动者依据参与的程度选择靠近中心，或远离中心。这个看似松散的集会格局，却每天都在重复的发生。虽然，每次参与的人可能不同，但活动的内容却不发生改变。因为在人们的印象中，这处场所与事件活动是相关的，有谁参加活动并不重要，在印象中也会模糊不清，但是活动本身却是鲜明而稳定的，并且活动向所有人开放，这就形成了事件空间的场所归属，即特定的场所与特定的事件紧密相连。

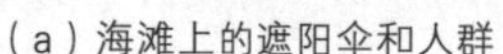

（a）海滩上的遮阳伞和人群　（b）椰子树下的度假设施　（c）广场上休闲的人群

图 3.3.6　三亚滨海风景区内人群的活动方式

事件使人们对空间的选择有了判断的标准，事件活动的重复发生意味着人们喜欢进行类似的体验，为事件而设置的景观为人们提供了不同的体验方式，比如社交体验、运动体验和集会体验。

3.3.3.1　社交体验

社会交往是人的本能需求，在景观中，人看人的活动属于消极的社会交往，它并没有在人与人之间建立存在着的交流渠道。积极的社会交往是提供适宜的集体性活动的场所，为人们创造群体活动的机会，提供人与人沟通交流的平台。

(1) 游戏中的交往。游戏使人们进入到兴奋、放松的状态，这种体验使交往变得简单而轻松。不同的游戏场所会给交往提供不同的主题，相似性的游戏活动，也会拉近人们之间的距离。景观中的游戏可以由设施引导，也可以由场景诱发。美国纽约泪珠公园是对旧有居住区的环境改造，带状的公园对周边的居民完全开放。这里的每一处场所都为人们提供了不同的活动内容，这些活动把具有相同目的的人们聚集在一起。在碗状的沙坑盆地中，场地的一侧是长 14 米的不锈钢滑梯，聚集着攀爬、挖沙的孩子，滑梯对面错落布置的木质座椅成为了最佳的观看场所，既有守候孩子的家长，也有闲谈或看报纸的居民。这个活跃的空间俨然是一个微型的社交场所。在其他的场地，景观同样为群体性活动创造了机会，人们可以结伴穿行林地，也可以在戏水场地内不期而遇。空间与空间相互分隔，场地内部却向所有人开放（图 3.3.7）。

（a）滑梯周围的活动人群

（b）林地里探险的孩子

（c）戏水场地内的人群

图 3.3.7　纽约泪珠公园

(2) 场地中的交往。特征鲜明的场地是人们喜欢聚集的地方，开放式的建筑物或构筑物既是景观中的地标，也是凝聚人气的空间。适宜的交往道具是促进群体聚集的隐性因素，比如室外家具的组合方式、休息设施的位置，交往空间与道路之间的关系，是否有遮阴设施等。在墨西哥城查普特佩克公园的人行漫步道上，出挑的廊架不仅可以提供荫凉，也为人们的集会提供了庇护。这些半围合的景观设施使人们在交流过程中，感到安全和私密，廊架下宽阔的平台，也突破了座椅的功能，为各种使用方式提供了弹性的空间（图 3.3.8）。

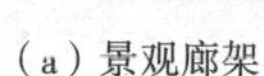

（a）景观廊架

（b）廊架下活动的人群

图 3.3.8 墨西哥城查普特佩克公园

3.3.3.2 运动体验

作为健康的活动方式，运动不应该局限于在器械上作规定性的行为，尽管这是在许多公园中都可见到的场景（图 3.3.9）。运动内容融合着时尚的因素，即使是不同年龄段的健身者，运动的方式都会随着时代的变化添加新的内容。因此，景观中的运动体验，从场地划分、器械组合到多功能使用，都应该首先明确运动的方式和主体，考虑不同层次使用者的需要。围绕着运动体验，观看者和活动者构成事件中看与被看的两个方面，观看的场地和视角也是运动体验中不可忽视的部分。在拉脱维亚 Dzintari 森林公园中，设置了不同的运动场地，极限运动场、溜冰道与人们的散步道相互之间互不干扰，保证了各种活动的独立性。但是在视线关系上，各部分的活动区又保持了相互的联系。比如曲折的木质步道会与溜冰道“偶然相逢”，使散步的人们也能看见运动者的身影，体验到运动的快乐（图 3.3.10）。

图 3.3.9 休闲健身区

（a）极限运动场地

（b）溜冰道

图 3.3.10 Dzintari 森林公园中的运动场地

3.3.3.3 集会体验

集会体验使人们感受到城市生活的律动和张力，到人多的地方去活动是人们在潜意识中固有的体验形态。不同身份的人群聚集，使日常的生活空间体现出社会文化的内涵，某些公共区域的集会还体现出社会文化整合的功能。比如哈尔滨中央大街的端头，经常聚集着参与街头画像的人群。画者、被画者和流动观看的行人组成了一幅流动的集会场景（图 3.3.11）。虽然，这种场景体现着世俗化的内容，却往往与城市的特殊空间相关联，成为城市区域特色的一部分。

图 3.3.11 哈尔滨中央大街街头画像

(1) 世俗型集会体验。城市的公共空间是具有集体性的社会价值空间，公共空间中聚集具有临时性和时间性的特征，活动结束后，人群很快地就会散开或消失，但在这个短暂的事件和时间里，集体成员的交往维系了临时集体的存在，并形成了集体的意识，集体的社会价值得到了充分的展现。因此，在图 3.3.12 中，图（a）和图(b) 都体现了集会带给人们的体验价值，而图（c）中花费巨资打造的大型的市政广场却换来了空旷无人的场地，对资金和城市空间都产生了浪费。

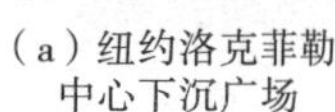

（a）纽约洛克菲勒中心下沉广场　（b）深圳莲花山公园　（c）深圳市政府广场

图 3.3.12　不同形式的集会空间

聚会是一种活动形式，并没有固定的场所模式。聚会的魅力促使设计师在城市空间中创造这种临行性的体验。在图 3.3.13 中，设计师通过巧妙的方式，使一处寻常的建筑缝隙变成了聚会的场所。通道中的建筑外墙被两道半透明的黄色薄膜覆盖，彻底改变了原来的面貌。与原有建筑肌理迥异的新空间，使穿行的人们意识到这里的特殊性，所以，短暂的逗留使陌生的路人，也可以演变成交往的朋友，这种奇妙的关系转化来源于场所独特的气质，也来源于这里与众不同的体验。

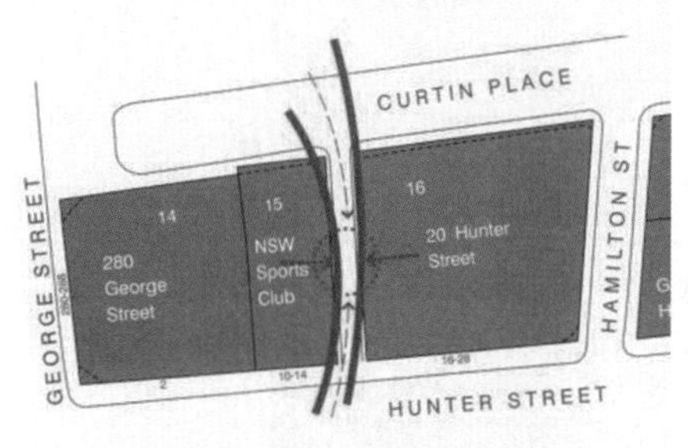

（a）平面图

（b）行人在巷子中相遇的场景

图 3.3.13　聚会场所

（2）节庆型集会体验。节庆活动是参与性较广、影响较大的社会活动，它往往选择在城市的公共空间举行，活动需要相对开阔的场地，并集中了大量的人流。节事活动的内容和类型丰富多彩，并与城市景观有直接的关系（表 3.3.1）。许多地方性的节庆活动内容与地域性的自然景观紧密相连，依托当地独特的气候、地质地貌，开发并展示独特的资源。如哈尔滨的国际冰雪节，就是依托寒地地区独特的地理条件，形成了地域性的节庆活动。伴随着冰雪节影响的日益扩大，冬季的城市街道布满了造型各异的冰雕，节事活动的影响已经从特定的旅游资源所属地扩散至城市的公共空间，成为群众广泛参与的城市景观活动。

表 3.3.1 中国城市节事活动与城市空间的关系比较

活动类型	活动地点	活动名称	活动场所
自然景观型	哈尔滨	中国哈尔滨国际冰雪节	专属场地
民俗风情型	苏州	“轧神仙”庙会	步行街
民俗风情型	广东	迎春花市	城市广场、街道
物产餐饮型	大连	中国国际啤酒节	城市广场
博览会展型	沈阳	世界园艺博览会	专属场地
运动休闲型	北京	奥运会	城市公园
娱乐游憩型	海南	海南欢乐节	海边空地
综合型	云南	昆明国际旅游节	城市公共空间及风景区

第 4 章　景观体验的社会认同

社会认同是从社会学和社会心理学的角度，在个人体验的基础上，研究景观中群体活动发生、发展及变化的规律。在社会学中，人们不是作为个体，而是作为一个社会组织、群体或机构的成员存在。社会心理学要阐明的是各种社会因素对人们行为的影响，揭示个体社会心理活动与外部环境的联系[61]。所以，社会认同不是一个固定的或单一的实体，而是一种认识、一种态度、一种趋向、一个过程[62]。

由于体验有趋同现象，也就是说面对某一类型事物，人们有相似的体验结果。当这种体验结果不断被强化或传播后，就会以潜意识的形式固化在记忆中，当类似事物出现时，就会引起相似的行为和心理活动。这个规律在景观设计中尤为重要，它直接涉及作品能否使体验者进入体验状态，使体验者的认知和评价与景观内涵保持一致，这些一致且反复发生的体验为景观的社会认同提供了基础。

4.1　社会认同的类型

社会认同源于群体对事物和事件一致性的看法，这些看法受到地域、民族、宗教、文化等许多因素的影响，因此同一事物产生的认同方式和结果均不相同。随着时间的发展，认同的群体和内涵也在发生着改变，表现为属于特定时代的当下认同和延续传承的文脉认同。

4.1.1　时代认同

时代认同是特定时间内社会个性和特征的体现，它由外而内的影响着人们对景观的评价。首先，不同时代具有不同的形式特征。受到时尚和潮流影响的景观形式最容易被复制和传播，并出现流行的景观风格。这些短暂的形式认同作为景观的表象，迅速扩散到不同的景观场景之中，使体验者很容易就辨识出时代的特点。其次，时代理念对景观设计发挥着指导性的作用。作为隐形的约束力量，群体认同的内容代表着对景观问题解决的态度，从而影响到景观的设计结果。比如对生态型景观的追求，使具有野态特征的景观得以在城市的区域内实现。

4.1.1.1　时尚的外观

时尚是一个社会传播的过程，时尚的流行代表群体对它的正面评价[63]。虽然时尚的形式只能获得短期内的认同，但出于“追求独特”的心理，这些流行的形象显示了个性的魅力，也代表着时代的进步。法国小特里阿农中的爱神殿，由路易十六的王妃主持建造，它虽然没有标新立异的形式，但浪漫复古的形式和自然幽静的环境体现了浓郁的人文色彩，是资本主义初期社会文化时尚的象征。埃菲尔铁塔是世博会的产物，在技术和材料的支持下，它带来了当时绝无仅有的高度和形象，冲击着人们对建筑、城市、景观等多方面的传统观念。上海世博会英国的种子馆，以新奇的造型挑战着人们视觉想象的极限，其生态化的设计理念也契合当下可持续发展和低碳社会的主流趋势，成为园区中耀眼的明珠（图 4.1.1）。

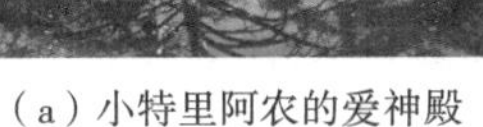

（a）小特里阿农的爱神殿

（b）埃菲尔铁塔

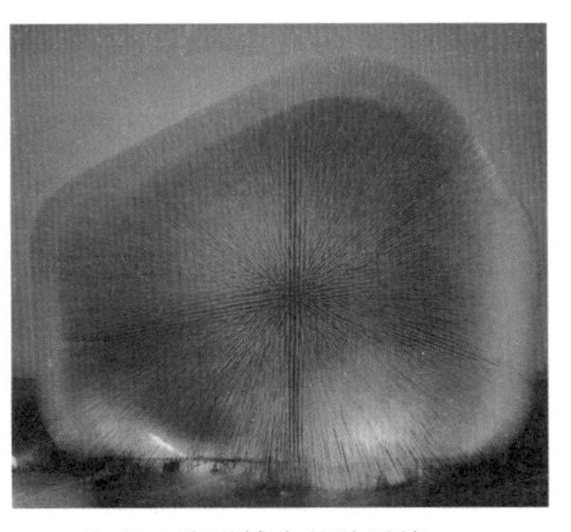

（c）上海世博会的种子馆

图 4.1.1　不同时期的时尚景观形象

4.1.1.2　前沿的理念

每个时代对景观的理解和适应办法都源于当下社会条件和文化背景的制约。以中国为例，传统的环境观是一种朴素的自然观，从道家“无为”的思想到儒家“中和”的理论，都将自然视为独立存在的状态，保持着“天人合一”的交融方式。因此，中国古典园林中的每一处树木亭台，都是“虽由人作，宛自天开”的自然，是人们心目中理想化的自然，这样的结果是当时主流设计理念和时代需求的必然结果。近代的自然观发生了明显的变化，城市化的发展不断吞噬着自然，将其转变为满足人们生存需要的空间资源和物质资源。可持续发展和生态技术是人类面对自然遭到破坏后的反思，在低碳经济的催发下，生态型、节约型的城市景观将建立城市生态廊道作为城市景观发展的方向，具有野态特征的城市湿地和城市野地，不仅将城市景观与自然景观紧密联系在一起，还将动植物的栖息与人类的生活并存在同一个时空之内。

以图 4.1.2 所表现的自然形象为例，古典园林的自然是理想化的自然，代表着人与自然共生的理念。现代居住小区的自然是功能性的自然，复杂的绿化组合方式和布局，代表着在经济利益驱动下，人们对自然的功利性定位。别墅区的自然是被经济活动借用的自然，代表着特殊阶层对时尚理念的追求。

4.1.2　文脉认同

文脉是文化的脉络，其包含的传统观念、生存样式、行为模式等核心内容，都可以通过各种外显的或是内隐的符号和方式显露出来。文脉表现是一种基于历史角度的认同行为，在特定的群体和区域中得到广泛的传播和继承。

（a）留园

（b）杭州新绿园

（c）上海松江别墅区

图 4.1.2　不同理念下的自然形象

4.1.2.1　文脉对风格的制约

在集群力量的作用下，景观风格在不断地重复和模仿中，通过对典型特征的提炼和应用逐渐衍生和稳定，影响因素包括地理地貌、气候条件和人文历史等。由于适应了地域条件的变化，成熟的景观风格成为一种易于操作的模式，被广泛地应用和传承，演化为特定的文化，并拓展到生活的各个层面。

意大利台地园适应了沿海的丘陵地貌，将地形进行层层的跌落，水景沿着台地的变化顺势而下，形成了变幻莫测的景观格局。这些空间不仅契合了地形的变化，也是主流文化的体现。罗马人崇尚自然的追求，使丘陵上的庄园成为奢侈的享受，贵族们的生活方式造就了室外空间有规律的变化，流水桌、喷泉池这些游离于生活之外的精致元素成为了景观的核心。

法国勒 · 诺特尔式的园林表现了壮阔雄伟的法国平原，深远的透视线不仅拓展了景观的视域，也表现了欧洲霸主的雄心。这个园林围绕着贵族的聚会文化而生，被绿化分隔的小型空间成为戏剧、诗歌和音乐表演的场所，复杂的园路为参会者创造了散步游览的空间，笔直宽阔的运河成为燃放和观赏烟花的场地，河上的游船为聚会提供了新颖的娱乐方式。

温润多雨的海岛型气候条件使英国风景式的园林表现出如画般的风格，变化丰富的植物群落沿着水系自由生长，园中充满了宁静安详的田园风光。这种景观的氛围表达了人们对工业革命的厌恶，也将英国人彬彬有礼的绅士风度体现地淋漓尽致。

从这些典型的园林风格中可以看出，群体观念对景观形式和格局等方面有着重要的影响，既有赞同式的弘扬，也有批判式的修正。勒·诺特尔式园林用连续的轴线，创造了一种视野开阔的景观风格，是处于伟大时代背景下的集体自豪。英国风景式园林是人们对自然的重新回归，它弥补了由工业革命导致的城市冷漠和肮脏，使其成为人们精神上的家园（图 4.1.3）。

（a）意大利台地式园林

（b）勒·诺特尔式园林

（c）英国风景式园林

图 4.1.3　欧洲不同时期的园林风格

4.1.2.2　文脉对细节的制约

景观细节具有符号般的作用，既是景观构成的要素和使用功能的载体，又承载着文化的内涵。模式化的景观细节是群体智慧的结晶，是约定俗成的文脉体现。细节的彼此联系，构成了凸显文脉的景观情境，表达了特定的文化氛围。木渎古镇具有千年的历史，展现了吴越时期的水乡文化。如今，作为旅游胜地的古镇在核心区仍然保留了许多原生态的景观元素。两岸整修过的建筑使这里掺杂了现代文明的痕迹，但古树下的台阶和码头拴系缆绳的石块，使这里的生活场景得以再现。这些具有使用功能的细部，体现了群体生活的场景，是反映水乡文化的物质载体。对水的崇拜至今仍在延续，每个月初，当地的居民都会在桥头供奉香火，以保平安（图 4.1.4）。

（a）河边的台阶

（b）码头拴系缆绳的石块

（c）桥头的烛火供奉

图 4.1.4　木渎古镇的景观细部

文脉对细节的制约是一个符号编码的过程，每个细节都被赋予了特定的内涵和意义，细节的组合可以表达特定的景观内涵。蛇形小路位于加利福尼亚大学校园内，用彩色和青色的瓦片组成蛇形的图案，缠绕在道路和草坪之上。在设计中，这个响尾蛇被道路所驯服，在喻义中，响尾蛇代表了对知识的追求，这个来自荒漠的动物，隐喻着知识也有如荒野般等待开发和探索(图 4.1.5)。

图 4.1.5　蛇形小路

图 4.1.6　布雷·马克思热情奔放的作品

4.1.2.3　文脉对氛围的制约

氛围是人们对空间的整体认知，是景观细节叠加在一起的综合印象。在布雷·马克思设计的海滨大道上，艳丽的马赛克铺装形如波浪，将海滨渲染成热情浪漫的场所（图 4.1.6）。

木渎古镇展示了江南文化的清秀灵动（图 4.1.7)，苏州园林体现了传统文化的博大精深，这些景观的特征在苏州博物馆的中庭中，得到了现代的演绎。水庭的驳岸缓缓探入池中，散置的卵石衬托着水平放置的石组，白墙、枯石、水庭犹如一幅立体的写意山水长卷，将画意融入到庭院的氛围之中（图 4.1.8)。

典型的景观氛围蕴含着深邃的文脉内涵。《红楼梦》通过对大观园的描写暗示了主人公的性格和命运，两者连通的方式是文化对景观场景的阐释。黛玉的潇湘馆翠竹森森，青苔遍布，清冷的氛围蕴含了清高自洁和凄凉冷淡的文化比喻；宝钗的居所开间阔大、装修简朴，表现了内敛世故的景观寓意；宝玉的怡红院销金嵌玉、花团锦簇，一片富贵繁华的景象，体现了宝玉在贾府中的地位；秋爽斋则遍植芭蕉，意境明快，尽展园主探春阔朗干练的性格[64]。虽然，大观园是由文学作品创造出来的虚拟景致，但它运用了文化中典型的事物和场景来渲染不同的庭院氛围。

图 4.1.7　木渎古镇

图 4.1.8　苏州博物馆内庭院

4.1.3　时代和文脉的协同

协同作用指两个不同属性的事物之间的相互作用，所产生的效果不同于单一事物作用的总和。协同概念可以更好地理解时代和文脉之间的互动作用。北京奥林匹克公园规划面积 680 公顷，由南北两个部分构成，分别是奥运会的主赛区和一个庞大的森林公园。公园的核心理念是“通向自然的轴线”，“自然”和“轴线”分别代表着时代和文脉两种不同的认同方式，两者的协同作用促成了评委对最终方案的选择。

“轴线”的含义指公园与北京城的中轴线相衔接，在城市的北端形成了一个新的轴线节点，与南端的古建筑群遥想呼应。这个轴线加入了新的变化，曲线形的新轴线与城市规整笔直的原有轴线形成了鲜明的对比，为城市融入自然提供了途径。轴线既是历史文脉的认同，也是当下时代理念的表现。“自然”指公园在满足比赛需求的基础上所营建的生态系统。这个自然与中国传统观念中的自然既相通又不同。公园的山水格局是对传统文脉的继承，但湿地、林地、草地和丘陵则演绎了现代的生态技术，是可持续发展的扩展，公园中多样化的生物群落使其成为一个具有生命力的生态景观体系（图 4.1.9）。

图 4.1.9　北京奥林匹克公园

4.1.3.1 以时代为先导的文脉表现

上海世博会呈现出来的景观面貌也是时代和文脉共同作用的结果。在园区内，体现中国特色的中国馆和世博轴，带给人们的是一种宏观的国家体验。这种体验试图把地域的、文化的表征传递给参与的群体，建筑形体的抽象隐喻印刻着中国文化的烙印，其简洁宏伟的建筑形态则体现了现代的审美标准和建造技术，体现了当代社会对文脉的继承和发展。沿江的“亩中山水园”在设计手法和材料的运用上呈现出典型的现代主义，但理水和置石的手法却体现了传统园林的精神（图 4.1.10）。

（a）宏伟的世博轴和中国馆

（b）沿江的世博公园

（c）田园风格的水系

（d）具有现代中式风格的“亩中山水园”

图 4.1.10　上海世博会的中国体验

2005 年日本爱知世博会的主题是“自然的睿智”，倡导人与森林的共生、循环利用的设施、生态型的建筑和环境。展会结合当地的自然条件，使园区体现出山水交融的景观格局。2008 年的西班牙萨拉戈萨世博会的主题是“水与可持续发展”，在园区布局、建筑外观、各国展馆及众多的演出中，设置了许多与“水”相关的互动性体验。这些体现着浓郁时代特色的景观，结合当地的地域条件和文化资源，为举办地带来了丰厚的遗产（图 4.1.11)。

(a)代代木公园

(b)爱知世博会园区

(c)大阪世博会遗址园

图 4.1.11　日本世博会与奥运会前后的景观利用与修复

4.1.3.2　以文脉为核心的时代体现

成都琴台路、锦里和宽窄巷子是先后完成的成都旧城区的更新项目，是从文脉出发，并适应当下社会需求的景观修复。琴台路建设年代较早，街道阔大，两侧的建筑风格以楼阁式建筑为主，体量较大，并增建了较多的复古式建筑。由于景观更新的定位较为单一，建筑功能以旅游经济为主，因此街道显得冷清空旷，十余年间几乎没有变化。琴台路的景观修复体现了早期过于关注历史景象的仿像模仿，忽视场所精神的修复理念。锦里街区毗邻武侯祠，修复时间晚于琴台路。更新过程中注重了对街道尺度的调整，两侧建筑多为二层的临街店铺，尺度亲切宜人，建筑风格协调统一。但是锦里的区域功能过于注重旅游的特质，添加了许多人为的旅游因素，对成都传统文脉的表现多以特色小吃、传统工艺为主，在脱离了旅游功能后，这里人去店空，在夜晚显得毫无生气（图 4.1.12)。

(a）琴台路

(b）锦里

(c）宽窄巷子

图 4.1.12　成都历史街区的景观修复比较

宽窄巷子不仅复原了先前的街道格局，而且保留了城市真实的场所精神。建筑体量主要以单层为主，外墙轮廓曲折凸凹，体现了街道随城市发展自由生长的历史印迹。虽然，巷子里添加了许多新的建筑，却没有将其整齐划一地摆布在巷子的两旁，而是依循街道布局的特色，保留了空间的流动和变化。建筑功能既有为游客服务的旅游场所，也有价格低廉的街边排挡，并在入口处为城市开辟了公共性的休闲空间。在这里流连、观光和消费的外地游客和当地的居民，共同体验着属于成都的生活。宽窄巷子与前两处景观相比，不仅从传统意象的角度出发，修复了一片具有历史价值的古街区，还注重保留了场所的精神，为其增添了现代的生活模式，使其成为新型的城市公共空间（图 4.1.13）。

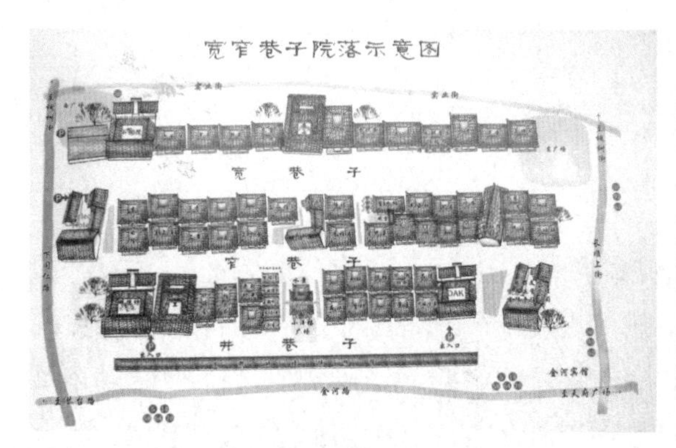

（a）宽窄巷子院落示意图

（b）夜晚的巷子依旧人气欢腾

（c）路边的就餐座椅

（d）就餐的当地市民

（e）精致的路牌说明

图 4.1.13　成都宽窄巷子街区

4.2　社会认同的核心

认同既是对相似性的肯定，也是对差异性的区分。景观的社会认同就是对不同景观相似性和差异性的辨识。设计者围绕场所的不同特质，使景观呈现出不同的特色，并展现不同的景观情趣。这些情趣表达了深层次的心理需求，不仅体现出景观的地域特征，还蕴含了景观的文化内涵，成为人们建造园林和风景的原动力。

4.2.1　地域认同

人类对领土的占有欲望，使地域特征作为与认同相关的领土属性进入到人们关注的范畴。这种认同建立在地区差异的基础上，是人们为了与其他的地区加以区别，建立专属的领域感，对自然环境和人文环境共性的提炼。

4.2.1.1　地理气候差异

地理特征包括自然的特征和经过人为活动导致的环境特征，具体指地貌、地质、植被、水文等自然要素的特殊性表现。图 4.2.1 展现了在人为因素影响下呈现出的乡村景观，这里有人对土地雕刻般的改造，有体现人类活动痕迹的草垛和农田，在人的影响下，地域呈现出不同的面貌。

（a）梯田中山水环抱的人家

（b）耕作的痕迹也是一道风景

（c）宁静的乡间风光

图 4.2.1　形式不同的乡村地域景观

植物园体现了不同地域特征认同的结果，以直观的方式对地域景观格局进行了展示。澳大利亚植物园地势平坦，形如沙漠。从各个视角望去，人们的视线都会与遥远的地平线相碰撞，抽象地再现了澳大利亚荒漠般的地质面貌。园中模拟了不同植物的生存环境，并着重强调澳大利亚物种的特性，以激发游客参观的兴趣。植物园突破了传统的形式，展现了澳大利亚神秘、古老、野性的景观特征，为游客带来全新的体验（图 4.2.2）。

（a）植物园鸟瞰

（b）红色的金属构筑物

（c）平坦的地形

图 4.2.2　澳大利亚植物园

波多尔植物园展现了法国地势平坦、温润多雨的地域特征。带状的场地分为三个部分，具有异国情调的植物生长在温室中，农耕园展现了条理分明的农工业景观，生境走廊是对民族植物和阿奎坦盆地环境的生态展示（图 4.2.3）。

上海植物园表现了华东地区典型的地质条件和植物景观，溪流的两侧生长着茂密的针叶林，林缘外侧栽植着不同的灌木群落和亲水性植物，呈现出丰富多样的自然状态（图 4.2.4）。

（a）园区布局

（b）农作物种植区

图 4.2.3　法国波尔多植物园

图 4.2.4　上海植物园

4.2.1.2　地域文化凸显

地域文化呈现了人与土地互动的结果，人在改变环境的同时，形成了适应地域特征的独特生活方式，并随着历史的传承，演变为文化的形态。传统的地域文化形成于相对封闭的地理环境之中，代表着人对于土地和区域的归属。进入工业时代，全球化的趋势使大部分地区显现出相似的面貌，更突显了地域文化的重要性。

西班牙历史上曾被阿拉伯人统治了几百年，已经消失的民族给这片土地留下了灿烂的文化。摩尔人留下的阿尔罕布拉宫有举世闻名的桃金娘庭院和狮子宫庭院，摩尔人留下的陶瓷艺术也使阳光下的土地变得异常绚烂。街头随处可见陶瓷艺术品商店，各种生活场合中也有陶瓷的身影，路牌是陶瓷的，街头雕塑是陶瓷的，景观也是陶瓷的。高迪在居尔公园里，用色彩斑斓的瓷片拼贴了一个奇异梦幻的世界。巴塞罗那北站广场上的大地雕塑也用陶瓷构筑了“天空的碎片”。街头巷尾的公园绿地，更是一片陶瓷的天地（图4.2.5）。

（a）街边随处可见的陶瓷小店

（b）用大量陶瓷艺术装饰的建筑

（c）陶瓷艺术装饰的街道

（d）居尔公园的陶瓷艺术

（e）陶瓷雕塑：落下的天空

（f）陶瓷装饰的街心公园

图 4.2.5　西班牙的陶瓷文化

4.2.1.3　理想家园定位

认同是一个归属的过程，归属于某个群体，归属于某种文化，这种归属的终极目标是寻找理想中的家园。具有家园特征的社会认同以特殊的地理形态为坐标，亘古不变的山体形态、古老的村头大树、历经风雨的建筑，都是家园认同的地域特征。“家园树”

就是具有这种共识的景观意象。在村落的入口往往有一颗古老的大树作为标志，居家的庭院中也总是会栽植一棵枝繁叶茂的大树。在这棵树下，幼小的儿童逐渐成长，忙碌的村民彼此交谈。当人们找到这棵大树时，就意味着回到了家园。这种认同深深地“嵌入”到文化的深层，即使没有在乡村成长经历的人们，也能够依据这种认同理解家园的含义（图 4.2.6）。

（a）篁村口的千年罗汉松

（b）树皮上的“寿星疙瘩”

图 4.2.6　江西婺源的乡间风光

图 4.2.7　电影《阿凡达》中“家园树”的意象

在电影《阿凡达》中，纳威人就住在巨大无比的“家园树”上，一棵树就是一个村落，居住着村落里的所有成员。“树就是家园”的意象在电影的情节中至关重要，巨树的倒伐意味着家园的消亡（图 4.2.7）。

在“辰能 · 溪树家园”售楼处的景观环境中，设计师移栽了几十颗成年的蒙古栎作为景观的主景，潺潺的溪水绕其而行，这个场景借用了人们对家园的地域认同，表达了人们心目中对家园的情感与追求。

虽然东西方文化存在巨大的差异，但对栖居方式都存在理想化、艺术化的追求。2009 年，在迪拜的“世界”（The World）人造岛群计划中，人工填海建造的岛屿群，成为脱离现实世界的天堂。岛屿群的构成以世界地图为蓝本，每个小岛都代表一个国家，无垠的海面与澄净的海水成为了岛屿分割与联系的媒介，在美丽景致的自然之境中，居住者感受到一种乌托邦式的栖居体验（图 4.2.8）。

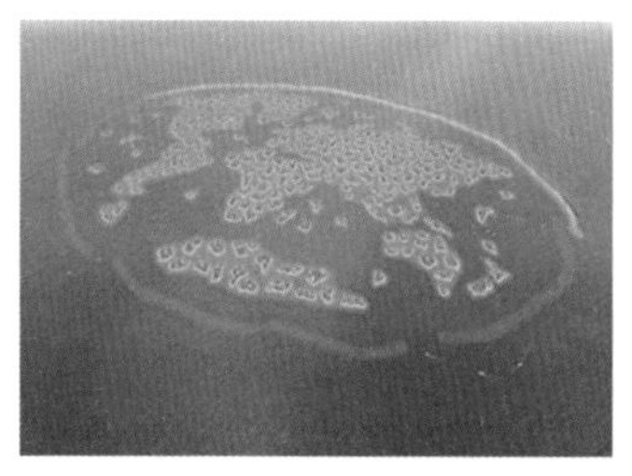

图 4.2.8　迪拜人造岛的景观

4.2.2　文化认同

“文化是在行为和人造物中体现出来的习惯性的理解[65]。”作为群体意识，文化在景观的物质表现、精神象征和行为活动中起着约束和引导的作用，在相同的文化背景下，景观表现出相似的形式、空间和活动事件。

4.2.2.1　空间和时间的一致

景观空间融入时间的概念，可以超越人们对物理属性的感知，表达特定的文化内容。这个时间有不同的选择和含义。

（1）与历史时间一致。在历史事件发生地建造景观，表达特定的历史文化内容，比如长城是历史上中原地区抵御外族入侵的军事设施，时间跨度长达千年，人们对长城景观的认同来源于对其历史价值和民族精神的体验。

（2）与自然时间一致。空间与特殊季相的结合，传达出特定的文化概念。“断桥残雪”展现了西湖特殊的冬季景致，将景观元素、时间概念、气候变化融合在一起，形成具有江南特色的文化景观。

（3）与群体活动时间一致。景观与特殊的群体活动时间相关联，表达特殊的文化内涵。天坛、月坛是古时人们祭祀天地的场所，只有在特殊的活动期间才被允许使用。现代的城市中心广场也在特定时间内举办大型的城市活动，比如大连星海广场每年都是举办啤酒节、服装节的主要场地，承办大型的城市节日庆典活动。

美国“9 · 11”纪念园位于一个安静的树林中，白色的混凝土步道引导人们进入沉思的圆环。在每年 9 月 11 日的清晨，阳光会沿着笔直的道路射入圆环之中，周边的座椅则沉寂在树木的阴影之下，这个戏剧般的场景象征着阳光将引导人们从阴影中解放出来，重新获得新生（图 4.2.9）。通过特殊的时间选择，景观体现出纪念场景的精神内涵。

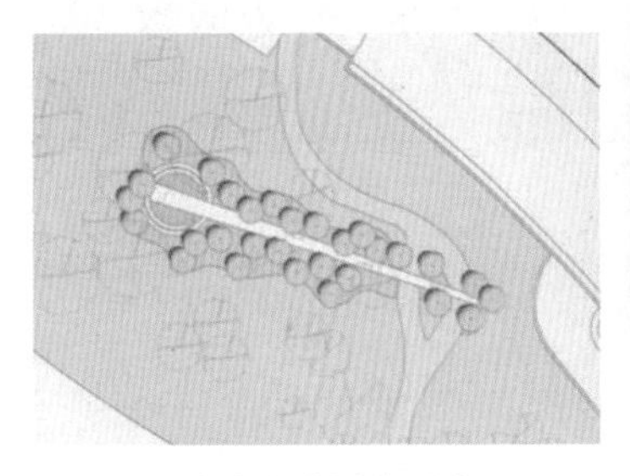

（a）纪念园平面图

（b）树荫下的场地尽端

（c）阳光下纪念路径

图 4.2.9　美国“9・11”纪念园

4.2.2.2　空间和事件的一致

景观作为一种“场景”，催生了特定事件的发生，这些事件来源于特定的文化构成，重复和持久的活动场景成为文化认同的表现。

（1）区域习俗的表现。上海城隍庙是上海重要的道教宫观，也是集庙、园、市于一体的特殊人文景观。城隍庙集会最初是上海本地重要的地区性节日，随着上海成为国际性的都市，城隍庙景观已经由区域的城市事件面向更多的游客开放。从体现民俗生活的特色小吃，到日常用品的聚集地，至如今的大型商业区和旅游名胜，城隍庙不仅延续着原始的宗教功能，还成为海派风俗和海派文化的代言（图 4.2.10）。

（a）城隍庙内外熙攘的人群

（b）浓郁的世俗色彩

图 4.2.10　上海城隍庙

（2）历史场景的再现。2003 年韩国首尔通过“清溪川生态工程”修复了市区内一条被高架桥覆盖的河流。这条河流在 600 余年间对市民的生活和生计发挥着重要的作用，随着环境恶化和城市病的到来，河道被城市道路彻底地掩盖。修复过程通过交通疏导、水体复原、河道整治，使这里重新成为充满自然景色和人文情怀的滨水景观。修复工程还原了部分的历史场景，并添加了许多休闲景观的内容，使这里重新显现出历史上的繁华景象（图 4.2.11）。

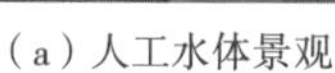

（a）人工水体景观

（b）自然生态景观

（c）人文历史景观

（d）民俗表演雕塑

（e）市民的休闲活动

（f）艺术展示

图 4.2.11　韩国首尔清溪川景观修复

（a）抚琴的游客

（b）拍照的游客

图 4.2.12　游客在文化景观中的模仿行为

对历史文化的表达，不仅可以通过景观的形式展示场景，还可以借用“戏剧模拟”的方式把场景改造成人们角色扮演的舞台，增强人们的认同感。图 4.2.12 为游客在历史景观中的模仿行为，图（a）中的游客在木渎古镇模仿古人在岸边抚琴时的景象，图（b）中的游客在拙政园中模拟古人游园时的情态。通过角色扮演的过程，拉近了游客与场景之间的距离，增强了游客对文化和景观的认同。

4.2.2.3　形式与文化的一致

形式的符号功能具有表达文化共识的能力。比如口语化的景观形式来源于世俗文化的直白和鲜活。从真实的模仿，到艺术的抽象，直观明了的形式受到人们的喜爱和认同。在王府井步行街上有许多表现老北京拉车、剃头等民俗生活的雕塑，这些雕塑的艺术造型生动鲜活，雕塑尺度与真人相仿，令人感到亲切真实。

为了迎接虎年，各地都建有造型不同的老虎雕塑。长沙的老虎雕塑，以民间艺术为造型特点，充满了民俗的气息，很适合放在主题公园的入口；北京的老虎雕塑威风凛凛，不可一世，与动物园的氛围十分协调；大连老虎滩的群虎雕塑与作为背景的山林交相呼应，似有奔腾而去之感，艺术化地体现了环境的主题。虽然这三处雕塑的艺术造型由具象到抽象逐渐转变，艺术水准也在逐渐提升，但都具有口语化的形式特点，简洁明了，通俗易懂（图 4.2.13）。

（a）长沙主题公园入口的老虎雕塑

（b）北京动物园中的老虎雕塑

（c）大连老虎滩的群虎雕塑

图 4.2.13　不同形态的老虎雕塑

（1）特定的形式逻辑。形式之间有序的逻辑组织体现了文化对形式隐形的制约功能。成都的杜甫草堂是后人为纪念诗圣，在其居住遗迹之上建立的宗祠建筑群。最初的草堂是杜甫人生落魄时的暂居之所，呈现出典型的民居特征。随着时代的变迁，建筑形式由早期的自由式布局，逐渐向秩序井然的宗祠建筑演变，发展到今天具有特殊历史内涵的旅游胜地（图 4.2.14）。

（a）唐代草堂模型

（b）宋代草堂模型

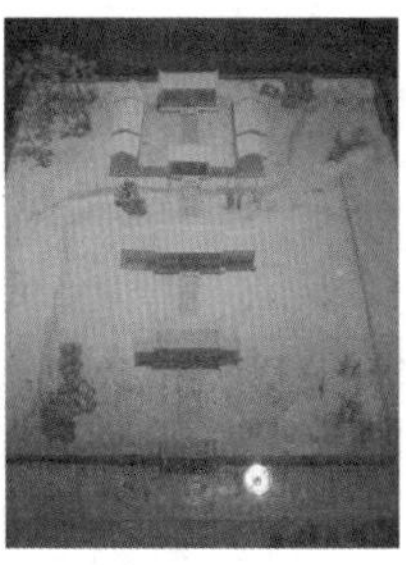
（c）明代草堂模型

（d）清代草堂模型

（e）现代草堂实景

图 4.2.14　杜甫草堂

形式逻辑通过在特定的文化语境中获得形式和寓意之间结构的相似。比如，黄色在北欧文化中代表胆怯与欺骗，在中国传统文化中则象征高贵。上海世博会法国馆的内庭院由垂直的绿带围合而成，自建筑的屋顶倾泻而下，仔细品味会发现绿带的造型源于对法国凡尔赛园林的象征。垂直的形体取自模纹花坛的片段，直线平行的组合方式是对轴线式园林结构的抽象模仿。这种形式象征的逻辑关系只有在法国馆中才显得贴切而得体（图 4.2.15）。

图 4.2.15　世博会法国馆内庭院

(2) 特定的形式信息。意义抽象为某种形象符号后，可以传递特定的信息内容。比如，“九”在中国文化中具有特殊的意义，“九”是单数的极限，代表着至高无上的权利和地位，中国都城规划和皇家建筑中象征礼制的最高等级就是“九”，都城常设“九门”，皇宫院落采用“九进”。在中山陵的景观设计中，数字也起到了象征性的作用。陵中的 312 步台阶隐喻孙中山先生的忌辰为 3 月 12 日，台阶共分为上三段和下五段，象征三民主义和五权宪法。

形式信息在不同的景观情境中具有不同的意义，在世俗性景观中，通过景观的形式可以表达生老病死、婚丧嫁娶、升官发财、平安健康等与人生密切相关的生存话题。

(3) 特定的形式空间。在日本园林中，茶室是一个特殊的场所，人们在前往茶室之前，必须穿越一处安静且幽闭的小径，小径中设置了蹲踞、洗手钵等景观小品，人们在经过时必须净手涤尘，才能进入茶室进行茶道活动。景观中的形式和活动，象征着灵魂的洁净，也使行者的心态得以平静，体验茶道世界的静谧与神奇（图 4.2.16）。

图 4.2.16　日式庭院中通往茶室的小径

4.2.3　价值认同

根据马克斯·舍勒的价值理论，价值的大小等级有一些普遍的标准。比如价值越大越能持久，整体价值大于局部价值，满足感越大价值越大等。这些价值的等级排序对景观的社会认同起着潜在的影响作用，并且是一个缓慢的过程[67]。

4.2.3.1　形象的持久性

从一般的意义而言，形象越是持久的景观，其获得的认同感越强。比如，在时间的流逝中没有变化的景观形象往往呈现出强大的力量，这种力量为景观赋予了神秘的特性，并使其具有强烈的吸引力。人们围绕景观不断添加形象之外的人文意义使之便于理解和记忆。就像消失的黄山迎客松需要不断的人为重建一样，即使是用仿真的技术制作出一颗虚假的松树，也会受到一定程度的喜爱，这就是由形象持久性带来的价值认同。

这种持久性的价值认同在大尺度的景观区域中同样存在，许多著名的城市景观都具有悠久的历史，其历史形象的保护和更新的依据就是维护景观形象的原貌。同样，随着价值标准的变化，只有满足需要的形象才能够进入到现实之中。不同的价值观对景观形象的选取和处理存在着不同的方式和角度，实用的，且可被接受的部分会成为景观的特征和主体，也会被体验者清晰地辨识出来。西撒利亚考古公园建立在一座古城之上，由于破坏严重，只留有一些城池断片和建筑的基坑，还有一座赛马场的遗址。这些历史遗迹很难引起考古学家的关注，普通的游客对于这些破败的景象也不感兴趣。公园在适当保留遗址的原则下，添加了新的内容，比如对当年比赛场景的模拟，游客或许可以从公园的游行队伍中，窥见当年的盛况。公园中的主题雕塑也用现代的艺术语言加以表现，抛却了骑马像的陈规旧俗。这是一个体现着现代人需求的历史公园，是用现代的眼光重新构筑的虚拟的历史世界，历史的形象通过适当的变化更符合现代人的审美观和价值观，并获得接受（图 4.2.17）。

（a）公园鸟瞰

（b）比赛场景模拟

（c）以赛马为主题的雕塑

（d）保留的历史遗迹

图 4.2.17　西撒利亚考古公园

4.2.3.2　阶层的选择性

对异域景观的追求是景观中屡见不鲜的现象，从流行全国的欧式风情就可见其受欢迎的程度。虽然是对外来景观形象的模仿，却总是糅杂着自身文化的印记，因此，景观形象具有本土文化和异域文化的双重特性，便于人们的理解和接受。以中国塔的造型为例，作为佛教建筑中最高规制的建筑类型，塔随着佛教从印度传入中国。印度的塔建在寺院的中央，地面之下是佛陀的舍利，地面之上是一座圆形的土堆，教徒需环绕土堆进行膜拜。传入中国后，作为佛的象征性实物，传统文化对其形象进行了修正。在中国人的眼中，只有华丽之像才能代表崇高和神圣，因此塔的造型并没有延续其覆盆式的印度样式，而是被改造成了规制尊贵的多层楼阁的形象。塔的形象按照中国人的体验感受被改造了，变成了人们熟悉的崇高的形式。中国的形式加上印度的内涵，就产生了中国样式的佛塔。

同样，在欧洲传统园林中也有对异域景观的表现，其景观形象都受到了当地主流文化的影响。18 世纪后期的英国兴起一股中国风的热潮，园林中兴建了许多西方人眼中的中国建筑，以英国邱园中的中国塔为例，虽然保留了塔的基本结构和样式，但其鲜艳的色彩，偶数制的层数都与中国的文化有所区别。同样，“土耳其花园”中的清真寺的穹顶和入口都融入了神殿的造型，成为具有两种文化特征的景观形象（图 4.2.18）。

（a）英国邱园的中国塔

（b）“土耳其花园”中的清真寺

图 4.2.18　具有两种文化特征的景观形象

所以，在景观中出现的外来形象，都会留有使用者的文化痕迹，只有这样，才能使景观更加贴近体验者的感受。

4.2.3.3　群体的偏好性

群体的“偏好”对景观价值的高低有重要的影响。随着偏好的不同，某种景观形象和类型会在局部地区获得普遍性认同和发展。比如中国文化对牡丹花的喜爱，不仅在文化层面上给予其极高的位置，而且在植物造景中，牡丹花也往往以景观核心的角色出现。

偏好也并非一成不变，它会随着时代和环境的变化而改变。以哈尔滨防洪纪念塔景观形象在人们心中的变化为例，该塔始建于 1958 年，是为纪念市民抵御特大洪水的壮举而建。建成后的景观不仅是市民心中城市形象的代言，也成为旅游者偏爱的旅游胜地。然而，随着城市的发展，大体量和高密度的新兴建筑侵蚀了纪念塔周边的环境空间，使其失去了制高点的优势。同时，单纯的纪念功能无法满足多元化的生活需求，江水的污染也使人们的亲水活动受到了局限，因此城市空间的挤压和使用功能的缺失使纪念塔的心理形象由最初的壮丽雄伟变成了需要改造和完善的城市空间（图 4.2.19）。由此可以看出，景观的心理形象在体验的过程中始终是动态变化的，它可能拆解了原有的形象，也可能赋予形象以新的意义。比如在欧洲传统园林中出现的废墟形象，就是为增加空间的神秘感而添加在园林中的景观小品，这时的废墟已经不仅仅是破损的景观形象，而是人们心目中猎奇的场所，是带有娱乐性的体验。

（a）防洪纪念塔在城市发展中的景观主导性越来越弱

（b）庙宇的废墟成为园林中的猎奇场所

图 4.2.19 形象被拆解和重置的景观

4.3 社会认同的过程

社会认同表达了群体的一致意见和判断，它虽然以个体的感知为基础，却排斥具有个性的表达。群体活动的规律约束了个体的感知内容，使参与者按照特定的群体规范进行相似的活动，并被群体氛围所感染。

4.3.1 趋同的认知归一

景观的形式语言和空间秩序为参与者提供了相同的体验模板，每个人的行为方式和感知结果围绕相同的内容展开，并逐渐向群体意见靠拢。

4.3.1.1 遵从群体规范

群体规范是群体成员集体接受的愿望和规则，它一旦形成，就倾向于永久存在下去。个人在社会认同的作用下，归属于某个群体，并受群体规范的控制和制约。在宗教性景观中，群体规范通过建筑空间的院落秩序和空间功能表现得十分明显。从轴线开端的山门朝拜，到轴线终端的大殿礼佛，都受到宗教仪式规范的影响。在许多世俗的景观中，也有特定的景观行为体现了潜在的群体规范，比如在中华景观的社会认同中，“不到长城非好汉”就是一种约定俗成的群体规范，在这种规范的影响下，长城成为了外地游客和外国观光者到北京旅游的必选之地。

群体规范既包括群体信奉和遵守的理念，也包括特定的仪式活动。圣尼古拉斯纪念园中有一处纪念逝者的纪念碑。宽阔的草坪中央有一个长条形的水池，水池的旁边设置了由黑色玄武石组成的石柱，每次葬礼都会从石柱上取下一块石砖，刻上逝者的名字，放置在水池中。平凡而简洁的设计，使每一个生命都得到了英雄般的礼赞和尊重。取砖刻字的纪念活动对每位逝者来说都是均一而平等的，约束着每位参与者的感受，这种潜在的群体规范成为集体认同的标准（图 4.3.1）。

图 4.3.1　圣尼古拉斯纪念园

4.3.1.2　附和群体意见

个体在面对群体时，群体的意见对个体的选择产生决定性的影响，个体与群体不一致的观点在认同中被过滤，只保留与群体意见一致的内容。比如人们对风景名胜的喜爱，就出自对群体意见的信赖和引导。群体意见在城市公共空间的活动中发挥着重要的作用。乐山景区登山道的护栏上缀满了锈迹斑斑的同心锁，表达了群体对此处景观的认同。在群体意见的暗示下，对爱情长久寄予希望的游客不断地追随这种行为，使这处景观得以持久的延续。拙政园中的空心古树只是一种较为独特的自然现象，单独而至的游客多数只是拍照留念。这处景观在面对旅行团的时候，意义则发生了变化。在导游的解说下，触摸此树的行为能够带来吉祥和好运，因此出现了群体性的触摸行为。同样，对景区拍照地点的选择，人们也在无形中受到群体意见的影响，出现了在同一场所不停有人拍照的场景（图 4.3.2）。

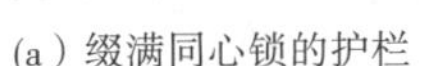

（a）缀满同心锁的护栏　（b）游客触摸的空心古树　（c）游客取景拍照的场景

图 4.3.2　代表群体意见的景观认同现象

4.3.1.3　追随群体态度

群体态度是众人对某事一致性的态度，它可以通过明显的情绪变化和行为体现出来，也可以通过隐性的方式进行表达。法国建筑师在北非村庄的改造中，为每户家庭都引入了自来水。这种现代文明进步的表现，却遭到了当地居民的强烈不满。对于深居简出的妇女来说，到井台边汲水，是极少数被社会认同的社交机会，而引入家门的自来水则剥夺了她们这一重要的权利，因此她们通过集体的不满抵制这种改变[68]。劳森在其著作中描述了一种现象，在开敞的空间中，精心设计的座椅往往无人光临，只能成为供人观看的雕塑品。它们大多出现在公众空间中，成为人们不愿意停留的地方。相反，人们往往喜欢坐在位置很好的任何物体上，踏步、栏杆，有些并非为休息而设置的空间也坐满了休息的人群（图 4.3.3）。

（a）无人光顾的座椅一　（b）无人光顾的座椅二　（c）坐满了人群的挡车桩

图 4.3.3　群体对座椅的选择

这些例子表明被群体态度所排斥的景观不能正常发挥应有的功能，相反，被群体所喜爱的景观则被赋予了设计时所没有的使用功能。在哈尔滨黛秀湖公园中，每到周末这里都可以看到许多拍摄婚纱照的场景，公园中的绿化、水景、栏杆、小径都成为了摄影师眼中的拍摄道具，人们对公园的喜爱为这里赋予了新的内容（图 4.3.4）。

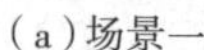

（a）场景一

（b）场景二

图 4.3.4　开放的公园变成婚纱外景的佳所

4.3.1.4　融入群体情感

景观中较为稳固的情绪变化被称之为群体情感，并与人们遵守的规范和社会需要相关联，它是在情境作用下产生的稳定的、深刻的、相对持久的体验和感受。在犹太遇害者纪念碑中，狭小的石碑通道使人们陷入低沉、苦闷、哀伤的情绪中，这种情绪表达了人们对逝者的怀念和对战争的厌恶。这时的群体情感不仅是个人情感的集合，还是社会价值选择的结果，反映出社会的公共价值观念。英国斯陀园中的古代道德之庙和英国名人庙体现了人们对道德情感的认同。英国斯陀园在西方园林史的地位堪比凡尔赛园林，园中修建了模仿罗马建筑的“古代道德之庙”，置有荷马、苏格拉底等历史名人的塑像，分别代表了诗人、哲学、军事和法律精英。这里还有一处模仿废墟的“新道德之庙”，里面放置着无头的雕塑躯干，反讽当代人的精神堕落。在河的对岸，“英国名人庙”的半圆形山墙壁龛里，有伊丽莎白一世、培根、洛克和牛顿等爱国名人的半身像，雕塑的面部表情静思安详[69]（图 4.3.5）。

（a）犹太遇害者纪念碑

（b）“古代道德之庙”

（c）“英国名人庙”

图 4.3.5　体现不同群体情感的景观

4.3.2 印象的类化比较

在心理学中，刻板印象是对同一群被赋予同样特征的人的分类，并用这种现象解释人们持有偏见的记忆结构。用刻板印象对一个人进行判断，需要在相应的情境中才能实现，同时用刻板印象的信息决定自己的行为[70]。景观中的印象与心理学中的刻板印象比较相似，指人们对类型化景观的记忆特征。比如提到宗教型景观，头脑中就会出现庙宇、佛像等印象，提到游乐场景观，眼前就会出现过山车上夸张的表情和不绝于耳的尖叫。

这种印象有时会形成典型的景观语言符号，比如在法国摩尔庭院中经常出现的直线型水体景观，就是对农业景观中灌溉水渠的园林式再现，不同水景之间的纵横网络是灌溉系统的翻版。来源于农业文明的景观形式，在园林中反复地出现，最终被认同为具有典型摩尔庭院风格的景观元素（图 4.3.6）。

（a）西班牙狮子宫中的水景一

（b）西班牙狮子宫中的水景二

（c）摩尔园林中的水景

图 4.3.6 摩尔园林中的水景

4.3.2.1 印象的唤醒

人们有意识或无意识地用印象进行判断。在图 4.3.7 中，雉堞型的装饰来源于城堡景观的印象，艳丽的马赛克装饰是对摩洛哥景观的印象，石质的灯笼使人产生日本园林的印象，狮子勾起人们对古典园林的印象，这些鲜明的类别特征，唤醒了人们脑海中对不同景观类型的印象。

(a)雉堞型装饰

(b)马赛克装饰

(c)石灯笼

(d)石狮

图 4.3.7 唤起不同印象的景观元素

在商业化的主题公园中，常利用印象营造人们能够快速识别的景观。香港迪斯尼乐园共分为美国小镇大街、睡美人城堡等不同的主题区，每个景区都以人们熟知的迪斯尼故事为核心，游客能够快速分辨出景区之间的差别，并选择自己喜欢的地方进行游玩（图 4.3.8）。这些印象来源于传统文化和具有地方特色的历史符码，"充当着视觉形象被简单地'消费'着，向众多游人展现着一种旅游文化中的'历史'[71]。"

图 4.3.8 展现不同印象的迪斯尼乐园

4.3.2.2 印象的利用

印象可以强化和促进人们对地域景观的认同。公交车站是城市街道景观的重要组成部分，不同地区的车站风格迥然不同。苏州的公交车站从古典园林中提取符号，体现了江南灵秀儒雅的风格；成都的公交车站虽然也再现了传统的风格，却表现出川北建筑稳重浑厚的气息；哈尔滨的公交车站呈现出浓郁的欧式风情，与城市的整体印象十分吻合。这些不同形式的公交车站，都是利用了人们对不同地域文化的印象，塑造了具有地域特色的景观形象（图 4.3.9）。

（a）苏州的公交车站

（b）成都的公交车站

（c）哈尔滨的公交车站

图 4.3.9　展现不同地域形象的公交车站

4.3.2.3　印象的改变

印象常常被自动唤醒，在无意识状态下，作为人们判断、评价与行为的基础。要想改变人们的印象，必须有意识地寻找不一致的信息，校正人们带有惯性的判断。贾克 · 西蒙与艺术家进行合作，在游船上栽植鲜花和树木，形成一个微缩的花园，在塞纳河上往返的巡游，意在向人们展现一种理解自然的新方式，并唤起人们对环境的保护意识（图 4.3.10）。这种漂浮的花园和森林与人们印象中固定的形式截然相反，引起了人们的注意和关注。

（a）1989 年的瞬息作品“漂流”

（b）1992 年的瞬息作品“漂浮的森林”

图 4.3.10　漂浮的花园

通天塔是一个临时的景观作品，它突破了传统生态景观的常规逻辑，用过程展示的方式演绎了生态的变化。在农庄的空地中，摆放着若干组由草垛搭建起来的奇异景观。这些草垛中有植物的种子和加速腐化过程的肥料，当青草从稻草堆中生长出来时，生硬的面貌变成生机勃勃的景象。随着季节的变化，草堆不断的腐烂，等到下一个春天来临的时候，这些草堆的灰烬正好可以用做农庄里的肥料。景观的发展过程有着现实般的影射，设计无法改变自然的规律，只有追随和遵从（图 4.3.11）。

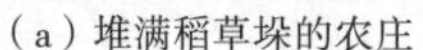

（a）堆满稻草垛的农庄

（b）长满青草的稻草垛

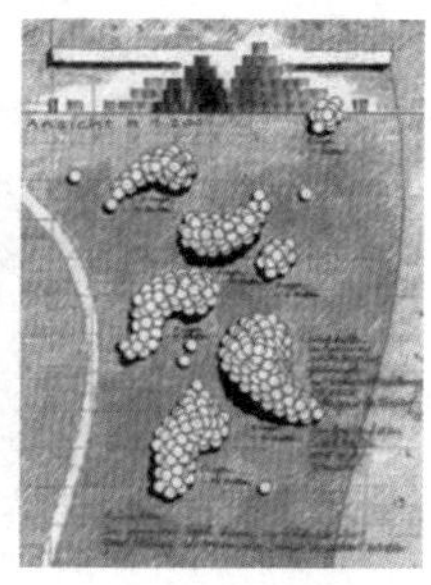

（c）农庄平面图

图 4.3.11　通天塔

4.3.2.4　印象的误区

与印象不一致的景观常常遭到人们的贬低和排斥，因此具有较大的认同风险。哈尔滨的某处抽象城市雕塑，设计时聘请了雕塑大师，建设时花费了几百万的费用，但并没有获得市民们的喜爱，反而被戏称为“火球”，民众的排斥几乎使这座雕塑从市区移至郊外。

法国艺术家奥瑞 · 李可的代表作《这就是爱》描绘的是一只斗牛梗犬的形象（图 4.3.12），关于这个小动物有一段动人的故事。1986 年，落魄潦倒的奥瑞 · 李可在街边的灯柱上发现了一张寻犬启示，言语哀伤痛苦。从主人对宠物的呼唤中流露出的爱与牵挂，深深地打动了艺术家的心灵。那一瞬间的震撼，成为了其艺术作品的永恒主题。在他的作品中，出现过许多犬的形象，表现了犬给予主人的忠诚，表现了主人对动物不离不弃的执着。作品中浓浓的社会关爱和生态关注，使他的艺术创作遍布到世界各地。可是位于上海的这件作品，由于没有雕塑的文字说明，上海市民直接质疑作品的创作主题，认为一只“凶狠狠”的狗怎么能够称之为“爱”。而这样不认同的现象，在许多城市景观中都不同程度的存在。

图 4.3.12　奥瑞 · 李可雕塑作品——《这就是爱》

4.3.3 群体的扩散效应

社会心理学指出，个体往往会在不知不觉中感到群体的压力，表现出与群体一致的行为倾向[72]。在景观的群体活动中，人们之间松散的组织关系通过共同的活动联系起来，相对于个体而言成为一个具体的环境，群体的认同制约着个体的感知，个体自觉地归属于所参加的群体。

4.3.3.1 从众随附

从众是人们采纳其他群体成员的行为和意见的倾向。在景观人群密集的情况下，人们体验到一种强烈的冲动，即不要不同于大多数人，这就使景观中的从众现象出现得十分频繁。尤其在城市公共空间中，满足多数人相同的行为需要对道路交通、场地利用等提出了相应的安全和功能上的要求。

(1) 娱乐景观的从众现象。在娱乐景观中，最热闹的地方往往是人最多的地方。哈尔滨黛秀湖公园中的木质平台是为人们提供的亲水设施，为了提升平台的亲水效果和确保游客的安全，在标准水位的附近设置了水下的混凝土平台。公园开放之后，水下的平台成为了孩子和成人戏水的乐园，人们的亲水方式由岸上转移到了水中。在从众心理的驱使下，下水游玩的人数越来越多，超出了设计的预期，公园的管理者不得不在水中设置了漂浮的警戒线，提示人们在水中活动的范围（图 4.3.13）。

图 4.3.13 黛秀湖公园中的戏水场景

Arena 广场是一处边界不规则的空地，在场地较为开阔的一端，设置了一处小型的喷泉。这里总是聚集了很多休闲的人群，一方面喷泉与人的互动使这里成为戏水的乐园，另一方面长长的台阶也为人们提供了看台。戏水、观看和交谈成为场所中大家认可的行为标准，并享受着加入群体的快乐（图 4.3.14）。

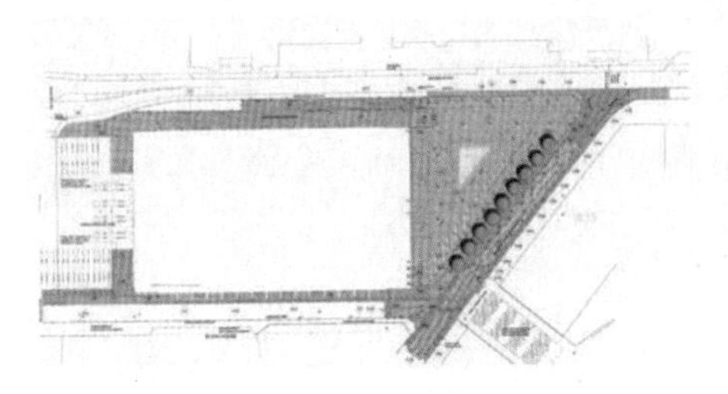

（a）总平面图

（b）广场鸟瞰

（c）夜间的喷泉

（d）白天的喷泉

（e）与旱喷泉嬉戏的市民

（f）在台阶上体验阳光的市民

图 4.3.14　Arena 广场

导致从众现象发生的因素是明确的信息提示和规范惯性的影响。在图 4.3.15(a)中，广场上的棋盘景观提醒人们可以在这里进行游戏，当第一个人使用这处场地后，就会吸引其他人共同参与这项活动；图（b）中公园的入口成为小型的表演场地，在认知惯性的支配下，周围的草坪成为了人们观赏的坐席区；图（c）中的雕塑去掉了基座，直接落在地面之上。对于成人来说，受礼仪规范的影响，不会去攀爬这处雕塑，而对于孩子来说，这里却成为了游戏的乐园。

（2）文化景观的从众现象。景观的文化内涵不是某个人赋予的，而是群体为具有特征的事件赋予特定的意义，并将这个意义固定下来的过程。以庐山“花径”与“王家坡瀑布”胜景的由来为例，可以发现自然景色转化为文化景观的过程。

（a）街头的游戏棋盘　（b）公园入口的音乐表演　（c）在雕塑上玩耍的孩子

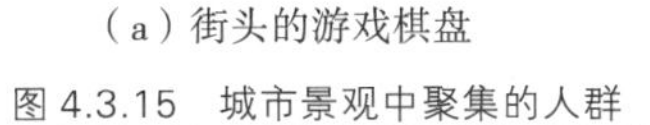
图 4.3.15　城市景观中聚集的人群

民国初年，庐山上发现了白居易亲笔所提的千年石刻——“花径”。原本在庐山这样人文景观聚集的地方，发现历史古迹应该不算新鲜事，但由于发现者在国内权威的地位，使这处景观得到了广大意义上的重视和宣传。发现者陈三立邀请其他的名人，在古迹周边开地，并通过社会募捐的方式筹款，为古迹建亭，进行保护和游赏。随后，又在古迹周边增加了石牌坊、景台亭、花径亭等多处景观。最后，由名人做《景白亭记》，刻于古迹之旁[73]。这样，一处胜景就在世人的眼中圆满了。

单独一块刻字的石头，可能有历史价值，但并不一定具有景观价值，其能够成为人文景观，是综合的文化活动的结果。它需要内容提炼、宣传造势、引导观赏、撰文记录等方式的共同作用，才能使其成为胜景。

如果说，“花径”还有一些先古遗存可供凭吊，使其充满人文色彩。那么，庐山的另一处名胜“王家坡瀑布”，则由一处默默无闻的水潭，在群体的附和之下生成。这处瀑布景色优美，“险仄诡幻”，但并无名气，只是庐山居住者避暑、游泳的首选。后经国内名人的点评，并题名为“碧龙潭”，无名之所才有了中国式的内涵。随后不少名人为其写诗作文，在《观瀑记》《听瀑亭记》等召唤之下，名人发动捐款事宜，为其修路，使其通达，为其建亭，供人休息。后人慕名前往，也相继留下不少诗文。再后来的观者，不仅是去观赏自然景观，也为了读诗阅记而行，观后再写诗写记。瀑布的文化内涵在众人的不断研磨中，逐渐清晰并丰厚起来，成为景色与人文兼具的旅游胜地。

由此，可以看出景观的文化意义是规律性的阶段发展过程。首先是具备基本的景观资源，或是自然的鬼斧神工，或是人文的传说典故。随后，须由当世的名人进行相关的文化宣传，使世人知晓，并通过群体参与建设的方式，使景观与每个人发生关系。内涵充实后的景观需要借助观赏者的行为进行二次宣传，在群体的再次描述下，为单纯的风景注入更多的人文精神，成为人人向往之地（图 4.3.16）。

图 4.3.16　文化景观发展演示模型

在文化景观发展的链条中，众人随附环节至关重要，它是群体认同的从众表现。每个人的个体感知，在群体行为的互动中逐渐统一，形成集群行为，每个人都受到前人评价的暗示，作出回应，并将这种情感进行传播。

4.3.3.2　群体仪式

作为一系列具有特定意义的行为，仪式成为一种强制性的群体活动。仪式内容指向精神的领域，可以使日常的行为具有特殊的意义。比如老挝人在编织供奉于神庙的席子时，需要在河边由特殊的工匠，在规定的日期内完成，才能供奉到庙宇之中。通过特定的时间、地点和人物，使本来非常普通的日常性活动演变为一种仪式，并将神圣的属性赋予到普通的席子当中。

景观中的仪式活动是为了保持群体中的多数成员对景观持有共同的态度，因此，越是简单的动作，形成仪式的可能性越大。哭墙是一道 52 米长、19 米高的高大石墙，被犹太人认为是耶路撒冷旧城的遗址。对于犹太教徒来说，哭墙是神圣的象征，面壁祈祷的仪式，会使他们动情时号啕大哭。对于游客来说，将写满心愿的纸条塞入哭墙的墙缝内，象征着内心愿望的实现（图 4.3.17）。

（a）信仰者聚集在哭墙周围

（b）工作人员清理祈祷者塞入石缝的许愿字条

图 4.3.17　哭墙

在 2005 年纪念集中营解放 60 周年的仪式上，奥斯威辛安排了象征意义极强的系列活动。纪念仪式开始时，一列火车沿着曾经将数百万受害者送进集中营的铁道缓缓开入比克瑙营，用以象征死难者受难过程的开始。随后通过宣讲、展览等一系列活动，使参加者深入体验纪念的主题和内容，入夜后举行的烛光纪念活动将仪式推向了高潮（图 4.3.18）。

（a）纪念仪式上的烛光

（b）纪念者正在放置蜡烛

（c）放满蜡烛的纪念碑

图 4.3.18　奥斯威辛集中营的纪念仪式

仪式的每一个环节都通过象征的方式为普通的事物赋予了特定的意义。在埃及人对金字塔的朝拜仪式中，每一处景观都有特定的仪式。第一步从金字塔东面的祭庙开始，献祭的人们从东向的门厅进入，沿着封闭、狭小的甬道向西行进。这里的场景模拟太阳东升西落的轨迹，象征人的一生。穿过黑暗的空间通往一个露天庭院，充满阳光的院落象征再生与永存的极乐世界。塔里存放着可供重生用的木乃伊，围绕着祭祀的核心，人们在仪式中体验着神和神性的存在。

4.3.3.3　情境表演

情境是富有感情色彩的场景和氛围，场所和仪式的结合使景观成为特殊的情境。在一些寻常的景观中，只需要极少量的情境条件就能引发平常人做出不寻常的举动。在杜甫草堂过道的影壁上，有“草堂”二字，影壁周边挂有伟人参观草堂时的历史照片。多数游客会模仿伟人的姿态，在此处拍摄一张留有背影的照片，这种行为就是在无意识的状态下，由情境引发的行为活动（图 4.3.19)。

（a）历史照片

（b）模仿伟人行为的旅游者

图 4.3.19　杜甫草堂中的游客行为

景观情境极大程度地控制着个体行为，人们通过与其他人共享情境而相互联系在一起。在辛德勒的诞辰日，被救的犹太人都会举行一个纪念辛德勒的仪式活动。被救的人们及其后裔沿着狭窄的路径，缓慢而匀速地前进。在经过墓碑时，人们轻轻地放置一小块朴素的石头，寄托对他的哀思。这个简单的活动，使每个人都有机会来到墓碑之前。布满石块和鲜花的墓碑，由于情感一点点地积累和凝聚，显示出与众不同的震撼力（图 4.3.20）。

（a）在纪念仪式上每个人都在墓碑上放置一块纪念石

（b）人们不断在墓碑上堆放石块

（c）堆积的石块凝聚着人们的情感

图 4.3.20　电影中表现的犹太人对辛德勒的纪念仪式

情境设定了人们在仪式中扮演的角色，使观察者按照看到和愿意看到的方面来认同所发生的事情，这个过程类似于被段义孚所描述的“只有当环境与记忆中所经历的场景相联系时，我们对环境的欣赏才会更加个人化与持久化”[74]，这时的景观情境才具有意义。

美国 9 · 11 纪念园修建在双塔坍塌的遗址中，建筑的原址被切割成两个完整的下沉空间，向人们诉说着悲剧发生的地方。人们在进入纪念园时，先经过了一片树林，象征着与日常世界的分离，并进入到由声如雷鸣的瀑布组成的纪念场地。人们先向下行进，并可看见罹难者的名字。仪式将人群导入与世隔绝的空间，这个神圣性的空间使人们感觉到了英雄的存在，这个英雄是在经历了艰辛和苦难之后，重新建造帝国的英雄，人们对生命的憧憬也由此而生。恐惧带来的创伤，在面对这样的空间时，开始慢慢平复。人群继而向上，通往来时的树林，初时陌生的树林在经历了这般的体验之后，体现了自然的疗伤作用（图 4.3.21）。

（a）纪念园鸟瞰

（b）纪念园中的水景模型

（c）纪念园与城市的关系

图 4.3.21　美国“9・11”纪念园

第 5 章　景观体验的场景塑造

从体验角度审视景观场景的塑造，以实现不同的体验经历和结果为目标，依循体验的规律和方式组织相应的景观元素，通过设定不同的体验环节，丰富活动者在景观中的感受和体验，并使其获得较好的评价。

5.1　景观体验的场景类型

按照人类聚居的情况，典型的景观体验场景可分为城市景观、乡村景观和荒野景观。每种景观场景的体验核心都不相同。作为人类聚居的主要场所，如何提供更好的生活是城市发展的共同主题。作为人工化的第二自然，乡村具有生产和自然的双重属性，田园生活和乡土文化体现了人与自然之间相互尊重的生态和谐。荒野是人类聚居程度最低的区域，原生态的自然生境体现着人力所不及的景观特性。围绕着不同的体验核心与内涵，景观场景从形态、功能、结构、材料等方面实现着形态各异的景观形象，设置了层次多样的活动内容。

5.1.1　城市生活场景

城市景观是城市生活的体现，在城市的公共空间中，景观为公众的日常生活和交流提供了重要的平台。建筑、街道、广场、交通设施等城市景观的要素不仅满足了民众的生活需求，还肩负着打造多样化和舒适化生活的重任。随着人们闲暇时间的增多，城市广场和公园成为开展娱乐和休闲活动的主要场所，它们不仅起到美化城市的作用，还是营造快乐生活的主要场所（图 5.1.1）。

图 5.1.1　城市是承纳生活的巨大容器

5.1.1.1　日常生活场景

日常生活场景遍布在城市的大街小巷，随着城市密度的提高和城市格局的演变，传统的生活场景逐渐在街道景观中消失，封闭性的居住社区和集中性的公共空间成为生活场景再现的主要区域。日常生活场景具有自发性、灵活性的特点，需要为不同使用者的需求提供弹性变化的空间。

作为城市的心脏，城市中心区面向城市的多元化生活开放。商业活动、休闲购物和文艺演出吸引着人们在这里享受由活动带来的快乐。以英国伯明翰 Bullring 广场为例，作为欧洲最大的城市中心复兴计划之一，建成后的广场连接了不同的城市街区和公共空间。将近 8 米的高差将广场切分为不同的部分，这些形态各异的空间为不同的生活提供了展示的舞台。变化丰富的空间边缘，不仅美观而且实用，成为集会、旅游、购物、休闲、表演、观赏等众多城市日常生活的场所（图 5.1.2）。

图 5.1.2　充满活力的 Bullring 广场

5.1.1.2　休闲活动场景

闲暇时间的活动是休闲生活的主题，作为与经济密切相关的事物，城市景观承载的休闲活动更多体现在由场所体现出来的休闲性内容，比如社区休闲，户外休闲等。以健身场地为例，开放性健身场地的实用功能比审美功能更有价值。北京马甸公园中的健身区位于道路的两侧，场地侧面向道路开放，便于使用者的寻找。这里集中设置了器械健身区，球类活动区等不同的活动场地，平坦的园路也为轮滑爱好者提供了安全的路径（图 5.1.3）。

（a）公园中的健身场地

（b）公园中的篮球场

图 5.1.3　北京马甸公园

休闲还包括不同形式的娱乐活动，比如文艺表演、极限运动等，表 5.1.1 展示了不同方式的休闲活动，这些主题各异的活动补充了日常生活的空白，同时对场地也提出了专类化的要求。

表 5.1.1 城市场景中专类化的休闲场地

休闲方式及要求	场景类型	景观实景
音乐表演 （舞台、观众池）	城市公园	
极限运动 （热身场地、表演场地、观众区）	滑板公园	
游戏娱乐 （游戏场）	运动场地	
棋类运动 （专类室外家具）	象棋公园	

5.1.1.3 主题事件场景

城市生活中的主题事件可分为生活事件和节庆事件。生活事件以公共集会为主题，伴随城市生活发生，往往借用城市公共空间，使其成为多元的、临时的集会场地。超市广场是城市中心复兴计划的产物，为了吸引更多的人回到这里，定期举办的集会使几乎沦为停车场的空地重新变为人声鼎沸的城市中心。设计之初就对广场的使用时间进行了明确的划分：白天的广场、集会的广场和夜晚的广场。即使集会散去，商店歇业，这里也是人们喜欢逗留的地方（图 5.1.4）。节庆事件场景根据活动的时间和要求，利用已有的城市公共活动空间或选择专属的场地，根据事件的举办需要设计场地和体验主题。

（a）平时的广场

（b）集会时的广场

（c）广场中央的休闲区

图 5.1.4　超市广场

5.1.2　乡村生态场景

乡村有着与城市不同的景象，是一种快乐的、放松的、愉快的体验。在《设计结合自然》中，麦克哈格（Ian McHarg）生动地描述了城市和乡村之间鲜明的而不同体验：“通往城市的道路找不到使人愉快的地方，到处充满了肮脏、灰沙、贫困，呈现出难以形容的沮丧和凄凉。相反，通往乡村的路线总是令人感到兴奋，桥影之中必能看到静静的鳟鱼，跳跃的鲑鱼，飞奔而过的牡鹿和爬上高山的小羊羔[75]。”明媚的乡村阳光、甜美的土地芳香、盛开的鲜花果园、缤纷的花草野地，这些自然的气息，成为一切美好事物的源泉，成为吸引人们前往的动力（图 5.1.5）。

图 5.1.5　广西的田园风光

在乡村的场景中，人们对土地、气候、水资源等元素进行着本能的利用。农民通过保护土地的表层，减缓土地的坡度，依据等高线耕造田地，使土地呈现出有秩序的变化。这些带有生产痕迹的土地，具有雕塑般的感染力，不禁令人感叹人类对土地的改造能力（图 5.1.6）。

（a）欧洲三圃制的农业景观

（b）正在作业的农田

图 5.1.6 农业景观

5.1.2.1 生产场景

人类对土地的劳作，使其具有了艺术加工般的魅力，从空中俯瞰延绵不绝的梯田，它们随山就势，曲折盘绕，凝聚着惊人的力量（图 5.1.7）。这些图案般的地面形态变化，仿佛是画笔在土地上的随意涂抹，具有艺术般的魅力。乡村的生产场景还包括人在土地中的劳作过程，晒谷场上整齐的麦秸，池塘中翠绿的荷花，结满了黄瓜的藤架，收获的粮食和鲜美的瓜果。这些代表着人与土地互动关系的场景展现了人与自然的和谐。

（a）云南元阳梯田

（b）晒谷场上的麦秸

（c）田野中的收割

图 5.1.7 乡村景观中的生产场景

5.1.2.2 旅游场景

直接面对生产性的景观，对体验者来说有着莫大的挑战。对生产方式的了解，对作物品种的熟悉，对农用工具的操作，这些从感官到行动的体验过程使人们对乡村的想象更加真实和完善。从亲手采摘到游戏性的劳作，乡村带给人们的不仅是丰富的物产，还有游乐般的场景。

（1）可参与的农事活动。将农事活动中简易而有趣的环节独立出来，为人们提供接触的机会，使人们体验农事活动的乐趣。在日本的插秧节中，人们跟随农人学习插秧，并亲自在水田中进行劳作。这种体验式的旅游，契合了游客“身入其中”的需求，获得了认同和欢迎。游客离去后，农人把秧苗清除干净，等候第二天的游客继续插秧，由此带来的旅游收入远远高于农田耕作带来的经济效益，并对环境没有较大的影响。采摘园将丰收的乐趣呈现在游客的面前，为人们近距离接触农业创造了机会(图 5.1.8)。

（a）北京小汤山现代农业科技示范园中的观光廊道

（b）哈尔滨葡糖王国采摘园中的采摘景象

（c）大丘园农庄的火龙果采摘园区

图 5.1.8　不同主题的采摘园

（2）接触动植物的环境。田间地头、农家院舍到处是小动物生存的空间，水塘里的游鱼、稻田里的青蛙、草丛中的蜻蜓、院落里的鸡鸭，这些无害而可爱的动物，拉近了人与自然之间的距离。创造与动物互动的场所，意味着孩子们在游戏的同时，可以探索自然的奥秘，了解果蔬的知识。在玩泥巴、闻草香、捡野草，观察兔宝宝的活动方式中，设置带有冒险精神的环节，更加契合田野的气质。与城市里安全而单调的游戏方式不同，田间的秘密带有无法重复的特性。田野中的探寻，总会出现不经意间的惊喜。

（3）综合性的特色农园。国外的农业观光起源于 20 世纪 80 年代，形式和内容丰富多彩，有度假农庄、观光牧场、农场饭店、露营农场、骑马农场、探索农场和狩猎农场等。

有些国家的农场主还兼营球场、赛马场等，供旅游者自由的选择[76]。此外，农业观光还在乡村景观的基础上拓展了娱乐项目，把乡村风光和游戏、旅游合为一体。

玉米迷宫是在成熟的玉米地里，由人工打造的迷宫。在美国首次出现，并风靡全世界，约有 20 多个国家先后修建了 350 多个大型“玉米迷宫”，每年的参观人数将近千万。美国戴维斯农场是一个非常商业化的迷宫农场，每年都变换新的图案，并在迷宫中设置了许多的空间节点和浮桥，使迷宫里的主题和视点不断地变化。迷宫所提供的体验与常规的田园体验有所不同，在田野中的迷失与探索，可以激发游者强烈的兴趣，置身于丛林般的空间，农作物仿佛变化了形体。迷路时，可以一边等候救援，一边体验采摘的乐趣。在逐渐接近目标的过程中，攻克难关的胜利，可以让体验者获得更大的满足（图 5.1.9）。

（a）农庄景色

（b）儿童与动物的亲密体验

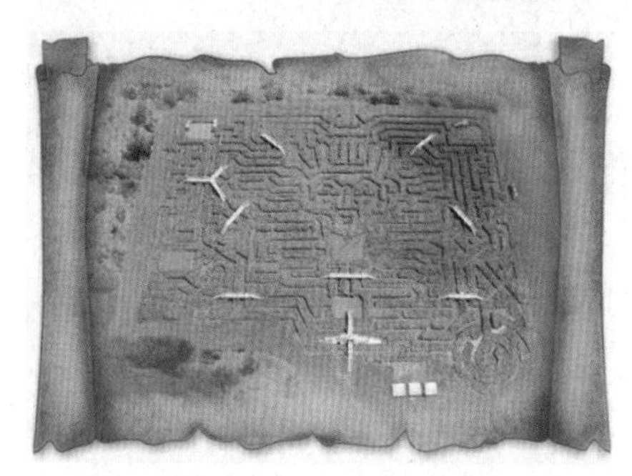

（c）2009 年以“The Lost Tomb”为主题的鸟瞰模型

（d）游客游玩时的场景

图 5.1.9　戴维斯农场的玉米迷宫

（4）乡土文化的展示。乡土文化作为人文景观的重要部分，代表了乡村人的生活方式和文化内涵。在乡村特有的人地互动模式下，人们对许多事物的认知有着特殊的理解。乡村自给自足的生活模式，催生了发达的手工制作，设置手工艺制作屋，展示食品、纺织品、民间艺术品等传统制作的过程，并提供可以让游客动手参与的环节，使对传统工艺的体验从终端的品尝和购买等常规的方式中解放出来。北京蟹岛绿色生态度假村就在其园区中修建了展示剪纸风俗的民俗馆，具有北方风情的度假小院，在室外随处可见水井、篷车等传统的民俗生活用品（图 5.1.10）。

（a）民俗馆

（b）北方小院风情

（c）室外民俗展品

图 5.1.10　北京蟹岛绿色生态度假村

5.1.2.3　城乡空间

在城市化的侵蚀下，城市和乡村之间的相互影响日趋激烈，城市的边缘区成为城市产业转移的目的地，乡村也吸取了诸多的城市要素。两者之间的相互渗透与功能互补，使城乡空间具有与城市和乡村都不同的特征。

城乡空间在城市化的带动下，呈现乡村向城市转变的过渡状态，在城市发展中将会逐渐演变为城市空间，因此这里具有特殊的生态作用，既有可能在未来成为城市中的绿岛，也可以阻止城市向边缘的扩展。城乡空间的缓冲作用，使其具有了城市空间和乡村空间的双重属性，这里的景观也构成了一个相对独立的特殊的生态区域。

苏塞公园是法国巴黎城郊扩建的城郊公园，将近 200 公顷的用地被分成四个部分：森林景观、农业及园艺展示区、灌木林区及城市公园。其中农业生态展示区以小麦结合鲜艳的花卉象征了法兰西共和国。公园中利用低洼的泄洪池建立了封闭式的人工沼泽湿地，种植了众多的水生植物，引来了大量的鸟类。在周边的高台上，可以清晰地观测到鸟类栖息的活动，成为开展科普活动的场所。这里的生态措施还包括将保留的水塔融入新的景观体系，并成为视线的主导。栽植 30 万棵林木的幼苗，利用 20 年的时间成长为茂盛的树林[77]（图 5.1.11）。

5.1.3　荒野生境场景

荒野在多数情况下指自然的纯粹状态，从人类接触的角度理解，荒野指由于地理或气候条件的限制而保留的，未被人类开发的区域，或由于人类的保护，以原生态存在的局部地区。原始的荒野并没有什么美感，也谈不上什么景观。通常意义下的荒野指景色优美，较少受到人类活动干扰的自然区域。与城市景观和乡村景观相比，荒野景观更接近于壮美的美学范畴，人力所不能及的崇高，使其充满了神秘的色彩（图 5.1.12）。

（a）公园鸟瞰

（b）保留的水塔

（c）沼泽里的水生植物

图 5.1.11　苏塞公园

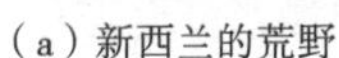

（a）新西兰的荒野

（b）新西兰的海岸

（c）新西兰的草原

图 5.1.12　新西兰的荒野景观

5.1.3.1　植物生境

荒野中稳定的生态系统展示了植物与环境之间和谐的生存状态。具有野态特征的植物生境对环境的变化反应非常敏感，不仅能够体现环境的特点，适应环境的变迁，还能够进行自身系统的循环，具有自组织的生存特点。并且，适宜的植物生境是动物生存的基础条件，不同的食源性植物生境为动物提供了适宜的栖息之地。

都柏林大学在校园环境的扩建工程中，为不同的物种提供了相应的生存环境。以松树为核心的植物群落，能够为鸟类提供食物，林下的耐阴植物为蝴蝶等昆虫提供了食物和繁衍的生境。爱尔兰花楸的浆果是山鸟和画眉最爱吃的果实，湿地为小型的哺乳动物提供了金字塔形的食物链。这些食源性植物的栽植为小动物的生存提供了必要的保障，吸引它们在此定居（图 5.1.13）。

（a）生态环境优良的校园

（b）食源性植物栽植

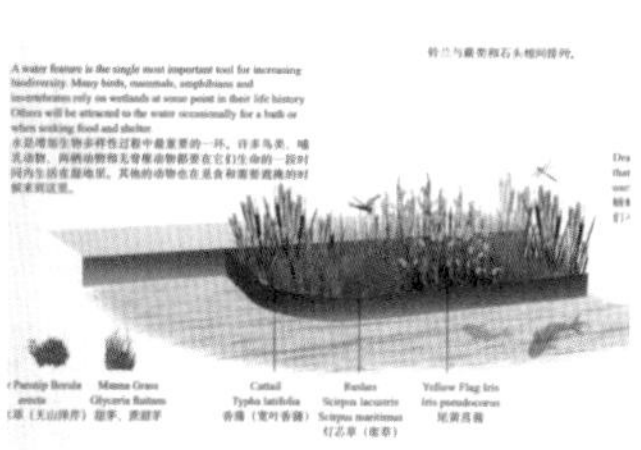

（c）湿地植物栽植

图 5.1.13　都柏林大学正门工程

5.1.3.2　动物生境

荒野中的动物生境是完整而稳定的生态系统，拥有充足的生物多样性和丰富的动物数量。作为景观类型引入的动物生境是单一的、局部的生境场景，是能够使人观察和接触的典型生境。以 West　8 景观规划设计集团在荷兰鹿特丹围堰海滩景观工程为例，海边平整后的沙地上，铺设着黑白两种颜色的贝壳，对比强烈的几何图案使海岸线犹如安静的海底世界。贝壳的色彩是依据鸟类生活习性而选择的，白色的海鸟总是选择白色的贝壳进行伪装，而黑色的海鸟则选择黑色。在这块深浅不同的贝壳海滩上，栖息着众多的海鸟，使安静的海滩充满生机。随着自然的侵蚀，3 厘米厚的贝壳层将慢慢变成沙丘地，一切人工的痕迹终将回归自然（图 5.1.14）。

（a）海滩远望

（b）黑白两色的海滩犹如地面上的抽象画

（c）两种颜色的贝壳

（d）海鸟盘旋的海滩

图 5.1.14　鹿特丹围堰海滩景观

5.1.3.3 地质地貌

荒野中奇特的地质地貌是吸引游客的体验源头。从自热美学的角度出发，在荒野中建立的具有游憩功能的场地在不破坏、不干扰自然的前提下得以实现。交通、旅馆、宿营等人类活动不能成为生物通道的障碍，人工设施不能破坏生物的栖息地[78]。以美国拱门国家公园为例，园内独特的自然景象是自然力的鬼斧神工，直到今天，依然有新的拱门出现，老的拱门消失。这里的游客服务中心建筑体量自由小巧，与舒缓的山体轮廓取得了形体上的一致，朴素的建筑色彩与周边裸露的岩石十分相似，这些异质同构的呼应关系，使建筑融入了周边的自然环境。走进景区，行走的道路在质感和颜色上也与周边的环境十分接近。游客在观赏自然奇观的同时，这些人工设施丝毫不会影响欣赏的过程（图 5.1.15）。这里提供的活动内容，只有徒步和露营，以最小的干扰方式与荒野进行直接的接触。

（a）朴素的公园入口

（b）公园中行走的游客

（c）拱门奇观

图 5.1.15　美国拱门国家公园

5.2　体验场景的塑造原则

体验场景需要依循不同的主题，为个体提供丰富性的体验。这些体验围绕着场景的地域特色，通过对相关景观元素的有效组织，达到群体的一致性认同。所以，体验主题的设定和体验认同的结果存在遥相呼应的关系，也是场景体验能够实现的关键。

5.2.1　以感知为媒介

体验的媒介是身体在景观中的运动，这就使体验的过程伴随着身体知觉对景观的反应同时发生。也可以说，身体的知觉反应就是体验的外在体现。因此从认知的角度理解，体验就是身体在景观中全方位的知觉过程，所以体验化的场景塑造首先从建立全方位的景观知觉开始。

5.2.1.1　不稳定的视觉世界

“视觉世界”(Visual World)是人们所见和所理解的世界的叠加，它为景观空间的彼此联系提供了心理上的帮助。由于体验者个体的差异性，使每个人在面对相同的景观时，所生成的视觉世界有着巨大的差异。如在拙政园的体验调查中，调查者就存在不同的体验评价，有的人认为建筑典雅灵秀，有的人认为建筑大同小异。在体验的世界里，存在着千差万别的评价标准，难以形成完整的、稳定的视觉世界。体验者必然要从自身的角度对所见到的景观进行解释，这种解释带有鲜明的体验者自身的印迹。面对视觉体验的特殊性，景观可视部分的设计就需要提供更大的可能性和包容性，允许体验者发挥自己的想象力，自由的理解和评价所见到的景观。

根据身体在景观中运动的规律，视觉的体验场景可分为地面视景和鸟瞰视景，通过设置景观制高点进行两者之间的转换，在不同的视点下，景观呈现出迥异的面貌，使视觉世界发生变化。

(1) 视景交织的地面网络。地面视景通过身体被景观所包围实现，主要反映局部空间的景观特点，是视觉丰富性的主要来源。在近地的景观环境中，身体对景观元素和细节有直接的观察和判断，并对空间有立体化的感知。

根据地形设定地面视景的视景线和视线网络。平坦的地形容易创造具有深远感的透视效果，利用空间的贯通和收缩，保持视景线的通畅，可以强化视觉对广袤空间的感受。因此，由视景线编织的视觉网络更多地通过路径、开阔地等连通空间得以建立。道路的体验兼具视线体验的内容，道路两侧的视点变化构成视觉体验连续而完整的核心。起伏的地形带来视景线的阻隔和断裂，难以实现贯通的视觉效果。视线的片段提供了多方向性的视觉体验，身体对空间节奏变化的感知变得敏锐而准确。空间体验成为整合视觉体验的手段，不同的透视组群构成完整的视线网络。

(2) 视景整合的鸟瞰空间。视点脱离地面使视觉体验的感知范围无限的扩大，景观空间和细节在完整视野的作用下，被整合成一个整体。认知的结果往往超越了日常生活的视觉体验，带来强烈的震撼力。由于地面景观的复杂性被统一的完整性所替代，鸟瞰视景下的视觉体验极易获得体验的认同，个体体验往往被群体体验所淹没（图 5.2.1）。

（a）鸟瞰视景下的田野

（b）鸟瞰视景下的树林

图 5.2.1　鸟瞰视景下的景观

根据区域特征设定景观视线的制高点。在集中式的景观区域中，鸟瞰视点关注的核心是对区域景观整体的体验，因此制高点位置的选择往往是地面视景的对景，并在景观形态上成为景观空间的核心。在分散式的景观区域中，景观视域的范围会突破区域的物理范围，进入到周边的环境之中，根据区域自身的特征较难判断适合的视点位置。因此分散式的景观区域应根据区域和周边的环境关系确定制高点的位置，从而保证视觉体验的质量(图 5.2.2)。

（a）根据区域中心确定制高点

（b）根据区域与周边环境的关系确实制高点

图 5.2.2　景观视线制高点位置的选择

5.2.1.2 有意义的声景场所

塑造有意义的声景场所，首先从确保舒适的声音感受开始，避免景观受到来自内部和外部的噪音干扰。因此需要明确划定环境中声景区域的界限，利用地形、绿化等景观元素作为控制噪音干扰的声音屏障。根据声源性质的不同，进行不同声音环境的划分，并以此为依据进行道路、构筑物和设施等景观元素的布置和规划。在热闹空间与安静空间之间设置缓冲空间，注意音量的控制，避免互相干扰，造成新的噪声污染，降低声景的品质。在城市自然景观与城市空间的衔接处，栽植具有吸声效果的植物，可以减弱城市噪音进入景观中的音量，形成渗透型的声音设计效果（图 5.2.3）。

（a）用地形和植被隔声　（b）利用地形和墙体隔声　（c）利用攀援植物隔声

图 5.2.3 街道隔声防护设施的方式

（1）培育自然声景。在景观中强化对自然声景的体验，比如鸟鸣声、树叶声、风声、水声等，营造自然声景区域。在景观组成中，利用植物和水系形成生态性的生境群落，吸引鸟类驻足，诱导鸟禽鸣叫。利用植物叶片的特性，结合风雨等自然条件，制造松涛竹音、雨打芭蕉等自然声景。自然声景的培育与景观格局有密切的关系，对自然声景元素突出的区域，需要加以引导和说明，设置可以聆听的空间和设施。美妙的声景往往与秀丽的景色连在一起，共同组成景观的特色。

动物声景的设计与小动物的栖息环境有密切的联系，保护和规划多样的生态群落，可以吸引动物和昆虫的栖息和繁衍。如水禽类的声音往往与湿地的景观联系在一起，不同的水深不仅对植物栽植有着显著的影响，对水禽取食的方式和来源也有重要的意义。相对封闭的、水位较浅的水域环境更适合鱼虾和水禽的生存，在观鸟的同时也可以聆听鸟类的鸣叫（图 5.2.4）。

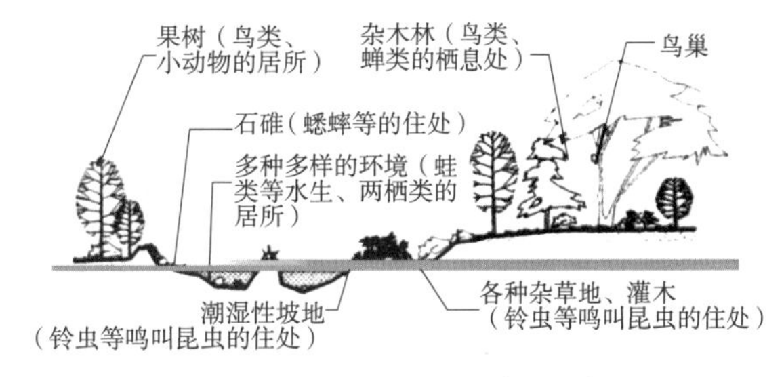

图 5.2.4 利用植物和水系的设计诱导虫鸟等自然生物

通过特殊的景观构造，也会使自然元素发出非常规的声音。比如不同的岩石构造在海浪的拍击下，会发出不同的声响，根据这个声学现象，可以设计特殊的堤岸构造，发出特殊的声音景观。在克罗地亚扎达尔海峡的改造中，海边的台阶中埋入了长短不一的聚亚氨酯管，海浪冲击管中的空气，就会从空洞中发出声音，形成以“海风琴”为主题的声景场所（图 5.2.5）。

（a）海风琴景观

（b）海岸台阶

图 5.2.5　海风琴

（2）组织人工声景。利用人工声组织声景。人工声包括设施发出的背景声和人群发出的活动声。背景声包括广播声、交通声、背景音乐等，活动声包括运动声、表演声、游戏声等。不同的人工声带来的感受不同，舒缓的背景音乐会令公园中的游客放松惬意，游戏区的儿童活动声给人欢快活力的感受。这些体验的差异性为声景的诱导性设计提供了依据。健身的人群会寻找活动的声音，放松的游客会寻找宁静的场所，小团体的集会依循专属的声音找到活动的场地。按照人们的目的有序的组织不同的声音元素，会提高体验者对声景的好感和评价。

利用反射声组织声景。反射声景往往与构造特殊的建构筑物结合在一起，基本方式是利用特殊的材料和空间制造特殊的声音混响效果。哈尔滨金梭桥利用拱形的空间和透明的玻璃对声音的反射特性，使这里获得了出人意料的听觉效果，时常有乐器演奏者在这里进行乐器表演和练习（图 5.2.6）。

利用人工元素创造有意义的声景。声音与记忆、文化之间有着直接的关联，利用声音的心理感受可以诱发人们对景观意义的思考。在德国柏林犹太人纪念馆中，有一处满铺金属面具的院落，人们通过时脚下会发出金属碰撞和摩擦的刺耳声。在空荡的庭院中，这种声音被光滑坚硬的墙壁无限放大，唤起游客对战争残酷的体验和反思，表达出隐喻在空间中的主题。

（a）金梭桥外观

（b）金梭桥拱形的内景

图 5.2.6　金梭桥

5.2.1.3　零距离的触觉环境

结合景观空间的布局，注重庭荫空间和活动空间的结合，按照不同植物的空间布局关系和植物自身的特性，根据人群活动的特点，控制可以投影的树荫面积和阳光的透射，满足场地夏季遮阴、冬季成阳的需要。在场地的西向应布置密集的高大乔木，防止西晒对场地活动的影响，场地北面的植物不仅需要考虑防风的要求，还需要注意距离的关系，以满足冬季日晒的要求。在吉林农业大学校园景观设计中，位于道路交汇区的圆形广场上设置了不同场所氛围的庭荫区。一处是位于广场中心的开放式庭荫区，座椅自由布置在植株较大的景观树周围，既享受庭荫的清凉，又可欣赏广场的景致；另一处是位于广场北侧的林带，结合林荫道的布局，设置了相对封闭和幽静的林下休息区。林带还起到阻挡冬季寒风的作用，为冬季的活动提供了保证（图 5.2.7）。

5.2.2　以主题为手段

主题的概念来源于文学，在文艺作品中特指通过形象创造表达的中心思想。景观中的主题指通过景观元素和空间表现出来的核心设计思想，范围涵盖自然景观和人文景观。主题的体验为景观的感知和认同提供了鲜明的线索和说明，多重体验的叠加过程始终伴随着主题表达的倾诉，体验的认同结果是主题明晰表达的必然。

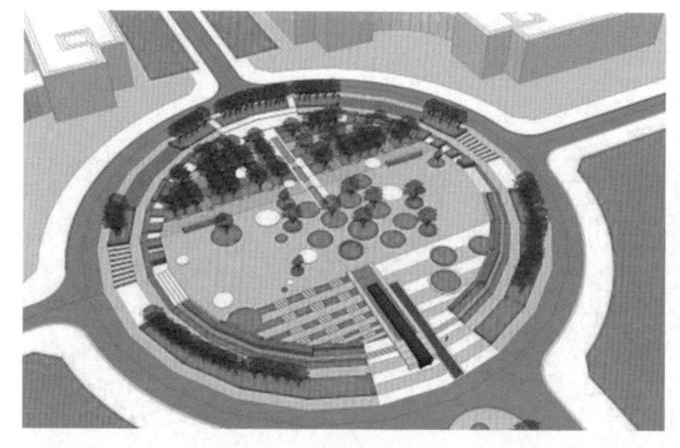

（a）广场鸟瞰图

（b）树荫下的座椅

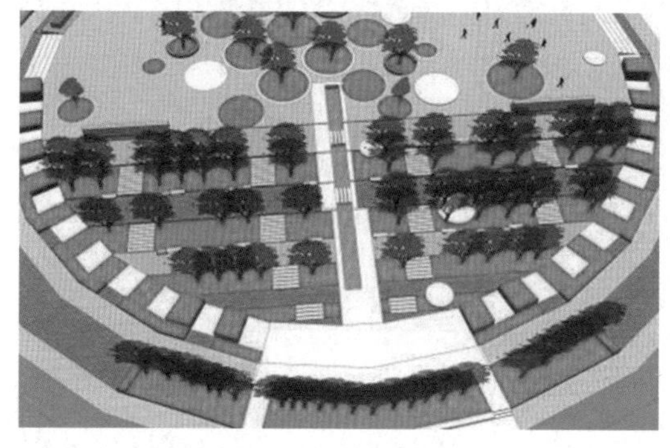

（c）从北侧广场俯瞰广场

（d）林下的路径和停留空间

图 5.2.7　吉林农业大学校园景观设计

5.2.2.1　题材选择

主题的策划过程可分为题材选择、素材组织和景观命名三个部分。不同的景观题材表达不同的主题，比如纪念性题材是对重大事件和人物的反思、期望和评价，历史保护性题材通过对历史遗址进行保护和更新，表达对历史的尊重和继承。题材可以是形式、事件和意象，也可以是行为、情结和感受。总之，有意味的题材是一组经过精心设计和组织的完整的景观形象，它为主题表达提供了独特的视角，也是体验独特性的表现。

在图 5.2.8 中，景观的题材来源于典型的农业景观——梯田。梯田的空间秩序和水平肌理成为景观形象布局的逻辑关系。错落的高差变化，相似的组合单元，有序的空间衔接，成为景观形象的特征。景观与梯田之间相似的空间体验，表现了农业景观的特点，从而获得了人们的认同。

（a）梯田景观

（b）景观鸟瞰

图 5.2.8　吉林农业大学校园田地台阶景观

5.2.2.2　素材组织

素材是主题表达的原始材料，是触发体验者进行思考的景观元素和空间，当设计师采用这一原始材料时，需要对它进行加工和变化，使其融入景观之中，演变为景观的题材，表达特定的主题。图 5.2.9 中所示的住区景观将农业景观嵌入城市背景，线性的景观空间中，稻田被片段式的组织在核心的空间，并在其中穿插的散置着象征十二节气的构筑物。为了强化主题的表达，小区的组团景观中应用了大量的翠竹和藤椅，展现了乡村生活的舒适与惬意。

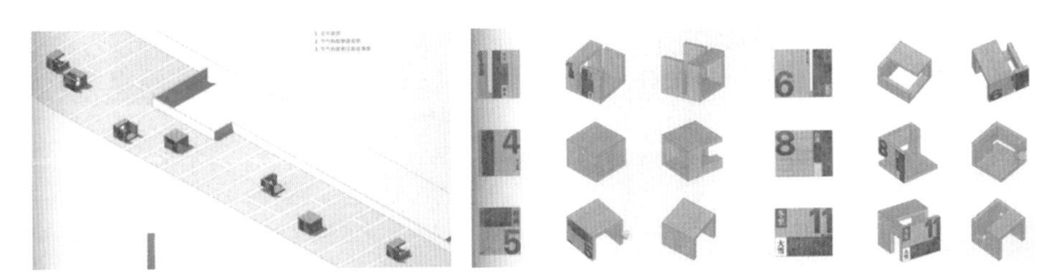

（a）稻田鸟瞰图　　（b）节气构筑物效果图

（c）稻田效果图

（d）不同组团效果图

图 5.2.9　成都市力迅青城山景观设计

5.2.2.3 景观命名

景区或景物的命名对体验来说起到画龙点睛的作用，它既可以揭示景观的主旨，也可以深化景观的内涵。中国传统景观的命名就是对景观特征、体验内容和景观内涵的概括和升华。比如西湖的“花港观鱼”就鲜明的从名称中显示出景观的植物主题、地形特征和游人活动的方式。在后续的景观修复中，扩建的金鱼池和增建的牡丹园都围绕着原有的景观内涵。

恰当的命名带有深刻的文化烙印和体验感知的方式，是对空间无序化的有效关联和完善。比如在哈尔滨金河公园的景观设计中，四个不同的景观主题区分别以“春水大典”“夏日牧歌”“秋山围猎”和“黑山白水”为景区的名称，命名综合体现了景观的事件、时间、地点和隐性存在的主题人物，为群体体验的认同提供了有效的帮助。

5.2.3 以认同为标准

印象对人们判断和接受景观起到指导和约束的作用，由于其稳定的存在状态和惯性的作用，可以为设计师构筑景观提供直接的帮助。按照接受者预期的想象发展设计思路，容易使作品获得更好的认知一致。特别是在景观细节传达的信息内涵上，由于更多地依赖于受众的生活经验，受众的态度往往具有指导性的意义。按照固有的印象和态度进行设计是稳妥而有效的方式。

5.2.3.1 相似性认同

相似性认同指通过对比场景的形态、结构、空间、色彩、材料等元素与体验主题的相似性程度作为认同的标准。相似性越强，人们的认同感越强。

通过模仿对象的本质获得相似性。从体验对象的形态和结构特征中提取元素进行变化，使之与景观场景要素相吻合，通过体验者对两者关系的体验，使场景获得认同。由帕特里夏 · 约翰松设计的观景平台犹如生长的藤蔓，穿梭在茂密的热带雨林之中。来自植物的启示，使平台呈现出自然的状态，线性的空间既是观赏的道路，也随时可以停留的观景台（图 5.2.10）。

（a）平面图

（b）公园模型

图 5.2.10 巴西热带森林公园中的观景平台设计

5.2.3.2 复合性认同

场景的功能、意义与体验原型之间的直接重叠，也可以使场所体验获得认同。重叠的对象不仅指环境的功能和构成，也指景观所揭示的意义。比如，传统园林中的月洞门，饱满的景观形态不仅在通行上感觉畅通无阻，而且其造型寓意了“圆月”的含义，获得了文化上的认同。

将场所的历史记忆进行片段式的重组，根据不同的素材呈现不同的形态。通过复制场景的原貌，以再现的方式进行表达；并通过符号化的元素重构当下的精神，以复合化的组合以多角度的形式折射出场地的精神，从而获得人们的认同。美国波特兰的坦纳·斯普林斯公园的场地上曾经流淌过一条名为坦那的小溪，旧城中还留有铁路的记忆。在这块几乎被废弃的土地上，出现了一处以荒野为特征的城市湿地公园。从周边汇集来的地表径流经过植物的过滤，流入到场地尽端的小池塘内，多余的雨水则从暗埋的管道中流出。池塘的边缘用废旧的铁轨围合成一面艺术墙，墙上有 99 块内嵌两栖动物和昆虫造型的艺术玻璃，这些属于过去的记忆散发着粗糙的质感，与公园内荒野般的风格颇为协调，并充满了一种难以名状的艺术气息，经常有自发的表演在这里举行，使这里成为充满回忆和冥想的场所（图 5.2.11）。

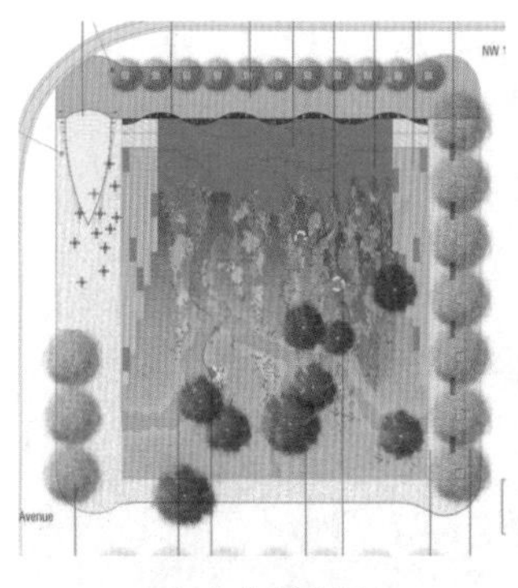

（a）公园总图

（b）具有田园气息的庭院

（c）回收的铁轨

（d）人们在公园中活动

（e）以铁轨为背景的艺术表演

图 5.2.11　坦纳·斯普林斯公园

5.2.3.3　信息性认同

用说明性的景观语言或形式形成具有信息效应的场景，由于能够清晰的被体验者解读，而得到认同。比如林璎设计的越战纪念碑上镌刻着死难者的名字的纪念墙，就是一处信息量极大的景观场景，这些信息给人以真切的感受，大量的信息重叠，强化了内容的震撼力，也使主题清晰的展现在体验者的面前。图 5.2.12 中，在伊利诺斯技术学院的校园景观中，简洁的石景之上刻有学院的名称，通过文字的信息提示，使进入场景的人们体验到对学校的归属。

图 5.2.12　伊利诺斯技术学院景观

在吉林农业大学校园景观设计中，有一处位于主教学楼与研究生楼之间的空地。景观构思以“启智明德”为主题，平面布局以“钥匙”形态为范本，组织景观元素。通过形态信息的语言，隐喻知识是开启智慧海洋的“钥匙”，校园是开始知识大门的“钥匙”等一系列关于“钥匙”的隐喻信息，塑造了独属于校园的景观场景（图 5.2.13）。

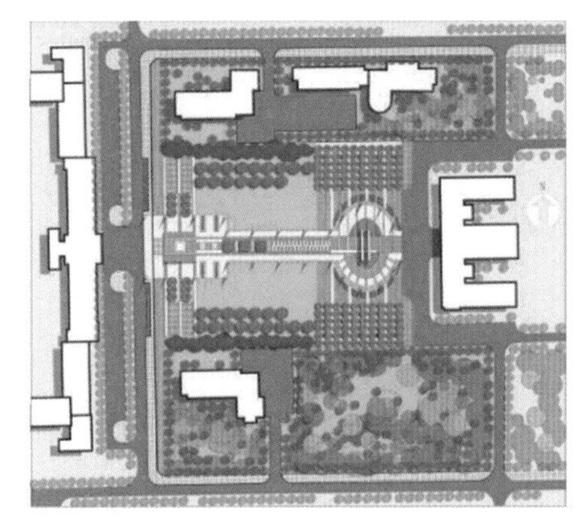

（a）总平面图

（b）鸟瞰图

图 5.2.13　吉林农业大学校园明德广场景观

5.3　体验场景的塑造策略

体验场景塑造的关键在于解决好人与景观之间的关系，找到两者之间关联的途径，就可以依据不同的主题，塑造出具有不同体验特征的体验场，从而诱发体验者依循主题的设定，进入体验的情境，感受到体验的召唤，从而实现设计预期的结果。

5.3.1　参与互动策略

互动是两个事物发生关系时的相互影响。景观的互动指人与景观之间发生关联时的活动方式和过程。在这个过程中，体验者不仅与景观元素发生互动，景观中的行为模式还影响到人与人之间的互动。在个体的差异性的影响下，互动化设计为体验景观提供了途径，在互动环节的过程中，每个人的活动的过程都充满了偶然性，活动的结果充满了随机性。以树木的体验为例，作为瞭望的对象，观赏者从美观性的角度对树木进行评价，这种互动通过视觉体验的方式完成。作为防护性的天篷或安全的隐蔽场所，树木与人的互动距离缩短，通过对树下空间的利用，获得独特的体验。攀爬和采摘使人近距离的接触到树木的特征，并与之发生实用性的互动活动（图 5.3.1）。

（a）作为瞭望的对象　（b）防护性天篷　（c）儿童攀爬的游戏场所　（d）安全隐蔽场所　（e）果树

图 5.3.1　人与树木之间的互动性活动

互动的过程分为三个环节，分别是设定互动的对象、提供互动的情境和建立参与的方式。互动的对象需要拥有身体接触的可能性，在安全的前提下提供可以参与的活动。互动情境需要关注景观对活动支持的可能性，比如活动面积和活动人数的比值关系就对活动的氛围有着直接的影响，舒适的比值关系会促进互动活动的发生，由于过于拥挤或冷清的环境氛围会影响互动活动发生的频率和质量。建立参与的方式需要从参与者的需要出发，根据不同的需求进行设计。

5.3.1.1　场景叠加

在公共空间的景观中，不同活动内容的叠加，使空间充满了生力，也丰富着人们对景观的体验。这些活动场景包括普通的日常生活、游戏娱乐、主题活动等不同的内容。这些活动对场地有不同的空间和时间上的要求，合理安排这些活动场地既丰富了体验的内容，也会避免彼此之间的干扰。武汉的解放公园在改造过程中将部分活动场地绿化，结果造成了不同活动团体因争抢场地而发生争执等不良事件。

在哈尔滨工业大学礼堂的景观环境改造中，对原有的密植林地进行了改造，去除掉郁闭度过高的植被，沿活动场地两侧设置了宽约 6 米的休息平台。这些平台围绕精心保留的冠幅宽大的乔木周围，形成了良好的庭荫空间。平台选用了温暖的木质材料，并进行了架空的处理。靠近活动区的平台边缘兼具座椅和台阶的功能，方便人们的使用。靠近庭荫深处的平台边缘设置了出挑的部分，形成了独立的空间，便于小型群体的聚会活动（图 5.3.2）。

（a）孩子在平台上自由的游戏　　（b）靠近场地边缘的平台　　（c）位于庭荫之下的出挑平台

图 5.3.2　哈尔滨工业大学校园环境改造

在老城区的街道上总是有不停活动的人群，晒太阳、下棋、聊天、卖杂货，这些充满了不同生活的场景，使街道犹如室外的居室。这样的“路边生活”在新城区中很难见到，一方面，新建的居住小区内可供活动的场地较多，人们不用挤占街道空间作为生活的场地；另一方面，新建的人行道场景活动过于单一，很难让人有停留的欲望。

场地活动的单一容易造成使用效率的降低和使用功能的缺失，因此，将不同的活动场景相互叠加，可以增强场地的互动性，而场地的非确定性使用，可以更好地为人群提供不同的体验活动。在美国伊利街广场的设计中，不确定性的社会因素成为了设计指向的对象，主动的、被动的以及偶尔的使用都可能占用广场的中央区域，每种方式都为市民提供了不同的体验（图 5.3.3)。

（a）广场模型　　（b）广场使用状况模拟

图 5.3.3（一）　伊利街广场

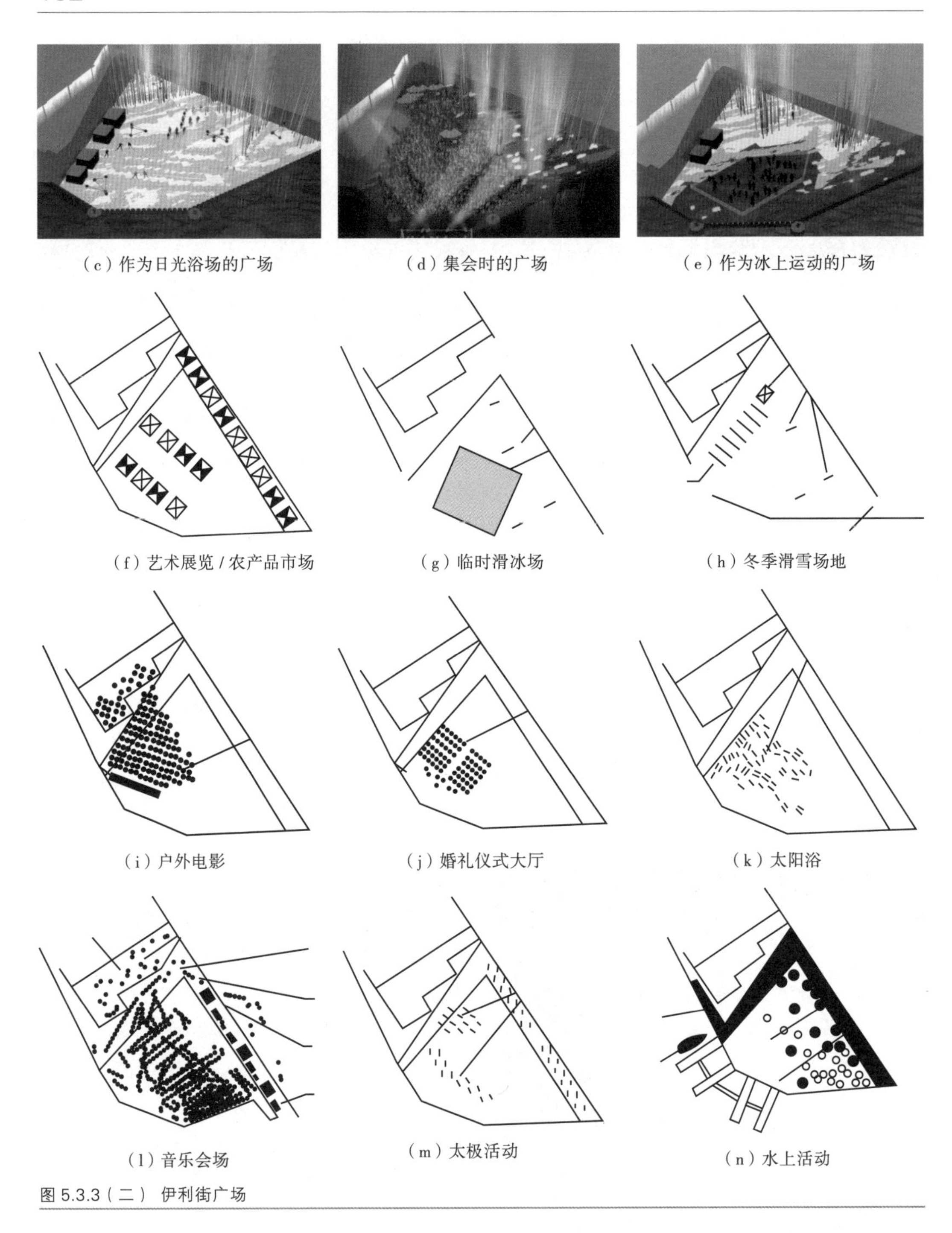

（c）作为日光浴场的广场　（d）集会时的广场　（e）作为冰上运动的广场

（f）艺术展览 / 农产品市场　（g）临时滑冰场　（h）冬季滑雪场地

（i）户外电影　（j）婚礼仪式大厅　（k）太阳浴

（l）音乐会场　（m）太极活动　（n）水上活动

图 5.3.3（二） 伊利街广场

5.3.1.2 情境诱发

游戏是人的本能，无论是开放性的城市景观，还是优美的自然风景，都具有满足游戏需求的功能。在游戏的状态下，人们轻松而惬意地使用着景观的空间和设施，在某些情况下，参与性较强的景观形态也具有诱发体验者游戏的潜力。在图 5.3.4 中，参观的游客模仿雕塑人像动作的体验行为，具有短暂游戏的特点，使拍照的过程充满趣味。

图 5.3.4　大唐芙蓉园中游客行为

(1) 集体性游戏情境。城市公共空间中聚集的人群以游戏和观看游戏的方式，分布在开放的空间中。在边缘效应的作用下，活动的人群自由分布在核心空间的周围。成年人的集体游戏与幼儿的游戏不同，它对游戏设备的依赖性较小，而对游戏规则的遵从性较强。活动者按照熟知的游戏方式进行娱乐，活动的技巧性越强，游戏规则的约束力越大。这种游戏方式的特点，使集体性游戏对场地要求的标准门槛过低，只要符合最基础的需要，简单的场地也会聚集较多的活动者。因此，经常出现不同活动人群相互干扰的现象。为了提供更舒适的公共空间，针对不同集体活动的特点设定专属的场所，不仅能够提高游戏活动的质量，还能避免不同活动之间的干扰。

参与集体性游戏的人群常分为活动者和观看者两个部分，图 5.3.5 (c) 中休闲场地就利用地形的变化在外围空间为观看者设计了一处休息的平台，将活动人群与观看人群分开。

(a) 跳舞的人群

(b) 打牌的人群

(c) 跳舞及观看的人群

图 5.3.5　公共空间中的集体性游戏

(2) 亲水性游戏情境。城市中典型的集体性游戏是亲水的场所。亲水活动带来的乐趣使城市中的水体景观总是受到人们的热烈欢迎。人与水的互动是水体景观魅力的核心，尤其在炎炎的夏日，身体与水体的接触还能带来丝丝的清凉。不同的出水设施为人们接触水体创造的契机，模仿自然状态的水景，对休闲的人们来说也具有亲和力。在日本长崎海滨公园，人造的小溪中没有栽植任何植物，溪水的尺度也小巧宜人。水中的石景经过处理，磨掉了尖锐的边缘，可供人们安全的踩踏。涌泉式的水体既是跳动的精灵，也成为孩子们触手可及的玩伴。小溪亲切友好的空间氛围，吸引了许多人前来“涉水嬉戏”（图 5.3.6）。

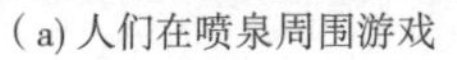

(a) 人们在喷泉周围游戏

(b) 溪流中的跋涉

图 5.3.6　日本长崎海滨公园

与水的接触不仅要安全，而且要便捷，简单的身体动作就可以完成人与水之间的互动。在美国 Lurie 花园中，最特别的场所是一条贯穿公园的步道，步道利用地形的变化在下凹处设置了一条规则的水渠。水岸的边缘设置了宽敞的台阶，使交通空间的一部分变成了可以休憩戏水空间。三五成群的人们选择一处空地，将身体轻轻探入水中，边与友人交谈，边体验水体滑过脚面时的清凉（图 5.3.7）。

（a）公园总图

（b）水边的人群

（c）夜色中的公园

（d）挡土墙上休息的人群

图 5.3.7　Lurie 花园

微缩的水景同样具有便捷的接触方式。在图 5.3.8 的屋顶花园上，水池的外缘与地面之间几乎没有高差，出水的高度也贴近地面。这处小型的水景既是景观空间的末端，也像身体的末端发出了诱惑的信号。人们只要抬抬脚、伸伸手就可以与水体进行互动，使每个人都无法忽

（a）被涌泉吸引的孩子

(b) 被涌泉吸引的大人

图 5.3.8　屋顶花园

视接触它的机会。

覆地式的水膜景观具有令人惊讶的想象力，它不仅提供了安全的游戏方式，令人容易亲近，而且提供了开阔的游戏场地，可以与朋友共同享受游戏的乐趣。在伦敦瑞士村舍公园中有一处水的街道，每当街道尽头的喷泉口开始出水时，整条街道就会被水淹没。浅浅的水层甚至不能超过脚面，面对这样有趣的体验，有谁会抗拒它的召唤呢(图 5.3.9)。

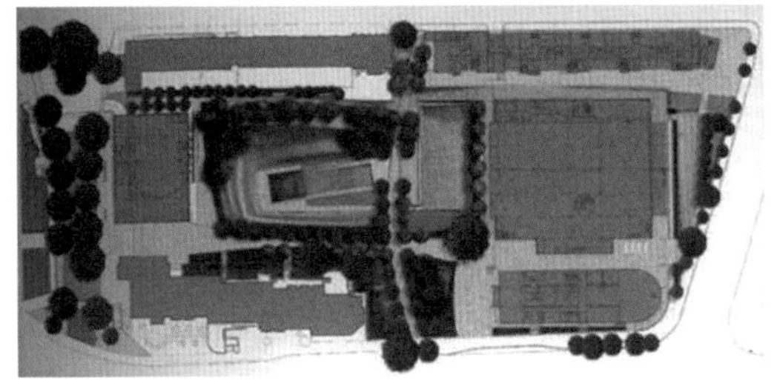

（a）总平面图

（b）满铺的水膜

（c）游戏的人群

图 5.3.9　伦敦瑞士村舍公园

在不同地域和气候的条件下，水体情境的诱发还要考虑技术层面的支持。例如在寒地地区，针对水体变化的特点，通过适宜的技术方案，建设具有寒地特色的水体景观。首先，设计需要注重水体规模的问题。这里所说的规模主要指集中水域的规模，注重规模不是指缩小水域面积，而是指将过于集中的水域面积通过空间设定的手法分隔成若干个水域。这样，在冬季可以避免出现大型的空旷冰面或干涸的水池，也可以减弱冬季风速，便于人们的活动。对于以喷泉为主体形式的水体景观，储水池应尽量隐藏于地下。但要避免将旱喷泉置于林下空间，以消除树叶进入到储水池中，造成对潜水泵的危害。其次，注重水体景观的形式，指水体景观形态应考虑有水和无水两种状态下的景观造型。对于寒地地区而言，无水状态下的景观既可通过水体景观与周边硬质景观和绿化景观相结合取得完整的形态，也可以利用水体的冬季形态营造多样的冬季活动场所，使人们的参与性活动成为景观的重点。最后，寒地的冬季运动丰富诱人，有溜冰、滑雪、打冰爬犁、抽冰陀螺等，这些活动需要的空间大小不一。可以依照其所需的活动空间尺寸，结合不同类型的水体景观空间在冬季不同的形态，构建适宜的活动场所。冬季闲置的旱喷泉景观可以提供开阔的空间，考虑保护与利用相结合的原则，可利用雪雕、冰雕打造冰雪观赏的乐园。城市内河在冬季所形成的冰面，可成为开放式的小型冰上活动空间。如哈尔滨马家沟河冬季冰面的利用分为滑雪和滑冰两部分，由人行桥进行分隔。在滑冰区，人们依照自己的使用方式自由地进行活动。

5.3.1.3 事件统领

有些节事活动会为所属地留下丰富的景观回报。活动会场成为永久性的公共景观空间，活动的后续影响仍然是体验互动的主题。昆明、沈阳都曾经举办过园艺博览会，会址的永久性保留成为城市公共空间新的亮点。德国通过在不同城市循环举办园艺博览会的方式，成功地改造和修复了工业化后期遗留的大量废弃地，为城市景观的重建提供了成功的范例。2011 年在西安举行的世界园艺博览会，以“流动的花园”为景观主题，将展区与天然的湖光山色融为一体，成为推动城市发展和变革的重要力量（图 5.3.10）。

（a）鸟瞰图一

（b）鸟瞰图二

（c）鸟瞰图三

图 5.3.10　2011 年西安世界园艺博览会

5.3.2 介入融合策略

介入指事物进入到另一种事物中进行干预，改变或修正原有事物属性或特征的过程。景观的介入通过把两种不同的景观元素、空间或功能直接重叠或关联，通过两者之间的互相干扰和影响，形成新的体验场景。

5.3.2.1 功能介入

不同的功能对场景的要求往往不同，因此功能的并置直接导致空间场景的变异，场景元素的变化既为景观赋予了新的形象，也使不同的活动融合在一起形成新的体验。以图 5.3.11 中的儿童迷宫乐园为例，迷宫坐落于葡萄园内，从棚架中获得的灵感，使植物的藤蔓化身为迷宫空间的隔断。在这些自然材料的围合下，游戏的空间充满了田园的轻松与香甜。熟悉的功能在陌生的场景中展开，使活动变得有趣而富有冒险精神。带着植物的味道奔跑，使游戏不仅仅是为了寻找出口，也是在探寻乡野的秘密。

（a）迷宫总图

（b）奔跑嬉戏的孩子[102]

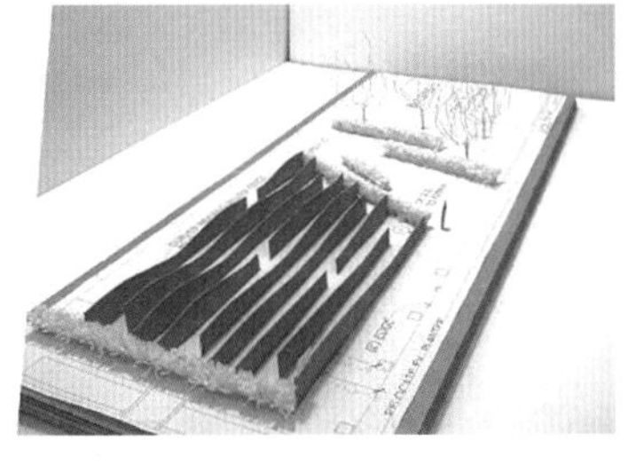

（c）迷宫模型

（d）迷宫内景

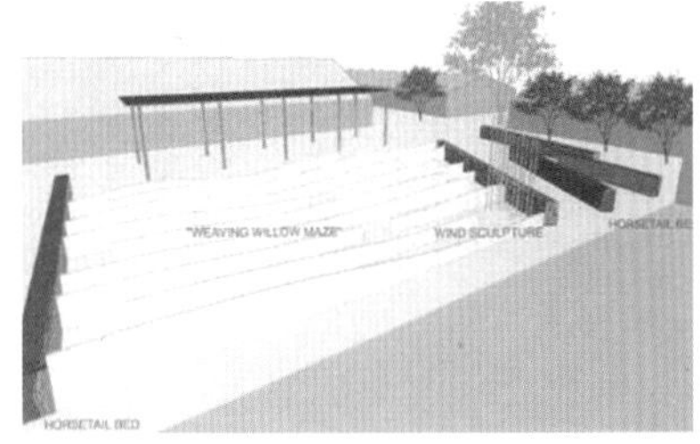

（e）迷宫功能布局分析

图 5.3.11　儿童迷宫乐园

同样，乡野中鲜有遮挡视线的物体，堆积的作物强化了视线向地平线的延伸，设置恰当的瞭望场所，将使人们体验到田野独有的“深远感”。在荷兰的绿色心脏计划中，广袤的田野由于路径的出现，变得容易接近。在水道和路径交汇处新建的瞭望也为这里赋予了风景的味道，它为游客提供了新的视角观赏原野，自身也成为原野空间具有节奏感和标志性的重要部分（图 5.3.12）。

（a）具有深远感的农田

（b）改造前的田野路径

（c）改造后用于瞭望的塔楼

图 5.3.12　荷兰的绿色心脏计划中添加的瞭望设施

5.3.2.2　空间介入

空间介入是介入空间与原生空间在相互认同中共生的过程。一方面，原生空间接受介入空间的特质，通过调整形成共生的格局；另一方面，介入空间受原生空间的影响，吸收其特质并与之相互匹配。在瑞士洛桑市的孤独公园中，人们受车流的影响，很少来到这处有着美丽河谷景观的场所。为了重新赋予这块土地以新的意义和吸引力，访客们被“放入”到一张撑开的大网中，在网的下面盛开着许多一年生或二年生的花卉。在这里人们可以嗅着自然的芳香，遥望远方的地平线，这也是设计师努力为游客提供的重新分享自然的地方（图 5.3.13）。

（a）人们通过躺下的方式体验自然

（b）在野生植物上张开的大网

图 5.3.13　洛桑孤独公园

由米歇尔 · 高哈汝倡导的“地平线理论”关注空间与周边空间的关系，每个空间都可以通过特定的方式转换到相邻的空间，依次类推，由近及远，使场地获得无限的可能，使景观元素具有扩散的能力[79]。在法国热尔兰公园中，河岸边的场地被改造为宽阔的草坪，并保留了一条原有的街道。街道连接了新建的公园和旧有的空间，使之产生视线上的联系，将场地外的景色因借到场地之内。边界的消解扩大了公园的范围，使远处的山丘成为公园最后的景致。空间之间的联系被跳跃性的转换，空间内部和周边空间的关系通过这种动态的转换衔接在一起。

空间介入可以借助台阶的变化实现。台阶踏步不仅解决了空间的上下转换，更是体验空间在不同台地之间运动的途径。高度越大的台地，台阶的复合性功能越强。台阶提供的高差变化可以将空间在高度的层面上进行分解，被解构的空间在添加其他的功能和形式上具有无法比拟的优势，使台阶的体验充满了变化和惊奇。

哈尔滨群力新区落水剧场景观中设计了一处下沉 6 米的水景空间，巨大的落差使台阶成为重要的景观界面。这个界面不仅承载着形式的作用，也是多功能活动的空间。首先是在台阶上添加其他的通行方式。踏步群与坡道、转换平台的组合，为人群近水体验景观提供了便捷，切割台阶的坡道也为界面带来了丰富的形式变化。其次是添加了其他的景观元素。不同形式的种植池、错落转折的叠水景观、与台阶协调的休息座椅等景观形式进一步丰富了景观的细节。最后是台阶与观演看台功能的组合。在这里，台阶既是提供观看的场所，也可以成为被看的景观。坐在台阶上的观众既是演出的观赏者，也是剧场的体验者。由台阶场景组成的空间基本单元，为不同的体验层次提供了氛围感和事件感，使场景充满了活力。在这种活力中，剧场中发生的每一个生活事件都有可能成为体验者走向多重体验的契机（图 5.3.14）。

（a）景观台阶鸟瞰

（b）景观实景

（c）具有坡道功能的台阶

（d）台阶上的叠水景观

图 5.3.14　哈尔滨群力新区落水剧场景观

台阶还可以起到转换和丰富空间的作用。随着地形的变化，高度的差异可以通过台阶形成自然的地面转换。台阶形态的动态性使高度的变化具有理智般的韵律感，形成流畅的形体变化。由于高度被台阶拆解成细小的踏步单元，使台阶以组合的方式在空间的缝隙中自由地生存。在辛辛那提大学的主街上，台阶巧妙地解决了地形高差的变化，并为景观注入了动态的元素。连绵不断的台阶组群还成为了天然的休息区，人们围坐在台阶上进行交流，尽情享受阳光的乐趣（图 5.3.15）。

（a）校园鸟瞰

（b）台阶上休息的人群

（c）台阶连接空间

图 5.3.15　辛辛那提大学校园核心区景观

5.3.2.3　生境介入

将不同的生境并置在一起，通过彼此间的融合过程，建立新的体验。以野态生境为例，在可持续发展的过程中，野态环境强大的自我修复和生长的能力满足了节约型、生态型城市景观的需要，因此，具有野态美的荒野景观以新的姿态出现在城市景观的视野中。美国旧金山“裂开的花园”的设计灵感源自那些从水泥缝中顽强长出的小植物，设计师在后院的水泥板上钻了一系列的裂缝来种植花草。这一排排的裂缝中生长着香草、蔬菜，甚至还有一些设计师不会选用的野生小草（图 5.3.16）。

（a）花草与泥土

（b）改造后的花园

（c）具有田园气息的庭院

图 5.3.16　裂开的花园

在吉林农业大学校园景观中，一处低洼地在设计中被设定为自然湿地的生境面貌。通过湿地的处理方式，保留了原有场地中的大型乔木的格局，并将雨水进行了有效的收集与利用。为了体现不同生境之间的差别，在保留的植物周边设立了自由布置的月牙形小岛，成为湿地生境与校园人文景观之间的过渡区域。这种生境介入的方式，不仅体现了可持续的发展理念，也为校园景观增添了新的体验（图5.3.17）。

（a）场地现状

（b）湿地景观效果图

（c）概念设计效果图

图 5.3.17　吉林农业大学校园月牙湖景观

垂直花园的出现是野态生境介入城市空间的另一种方式，它通过特殊的结构系统和灌溉系统，根据不同的光照条件，在垂直的空间上栽植不同的植物群落，使其成为相对独立的微型生态系统。垂直花园同时也以空间介入的方式与建筑和城市空间发生联系，在改造建筑形象的同时，它消解了生硬的城市界面，把平面化的植物生长方式，改变为可垂直欣赏的立体花园，为城市空间增加了特殊的软性介质（图5.3.18）。

图 5.3.18　英国伦敦雅典娜神庙酒店的垂直花园设计

在城市设置相对隔离的独立生境也能够为城市景观带来与众不同的体验。生态树是BAM为曼哈顿某高层建筑顶部做的一个屋顶花园，面积约为7万平方英尺（约6500平方米）。与其他屋顶花园不同的，该项目是为迁徙的候鸟所提供的休憩场所，在这里活动的是生物和鸟类，建筑上的管道和小口通向花园，入口大小只能让鸟类和昆虫通过。人们只能从高盛新总部的玻璃窗里俯瞰屋顶的一切。人们对花园的体验是通过在草地和树林中设置的网络摄像头系统完成的，人们只需通过观看顶部大楼的监视器就能观察 Biornis Aesthetope 中的鸟类活动。

该项目具有两个方面的意义。首先是生态方面的意义。设计考虑了昆虫的冬眠模式和植物的种植因素，这些为途经曼哈顿的鸟类提供了充足的食物来源。屋顶花园的土壤是有机土壤与无机土壤的混合型材料，并且土壤中有机物的含量不少于 15%。15% 的有机物是虫类生存必不可少的，换句话说，虫类如果没有有机物就无法生存。如果虫类无法生存，鸟儿就没有食物来源；如果鸟儿没有食物来源，也就不会到屋顶栖息；如此一来，作为生物体承载体的屋顶也就失去了其存在的价值。

为保证绿色植物的生长，有机土壤的深度范围从 12 ~ 36 英寸（约 30 ~ 91 厘米）不等，这样，绿色植物才能提供丰富多样的食物来源。而这些食物又是创建复杂生态体系所必不可少的。在屋顶花园的集约型区域内，土壤深度和有机物有效组合，使这一区域产生了生物特性；由于这些植物不属于原始种植，可能会产生始料未及的特性。树苗最终会扎根。为防止树木长得过大（条件有限），必须一年两次到屋顶进行修剪树根。

同时，花园除了具有一般屋顶花园的优势外，还具有降低热岛效应，吸收二氧化碳和大气颗粒物，降低雨水冲刷的影响，减少供暖供冷负荷，以此达到节能减排和延长屋顶使用寿命的优势。

其次是社会层面的意义。作为花园，其高大的植物形象和聚集的鸟群，会在城市成为新的地标，从而成为社会政治生活中真正的“草地和树林”。

这也是投资方、结构工程师、鸟类学顾问、屋顶花园技术顾问等不同专业和领域的人们通力合作的结果。在咨询过鸟类学家后，BAM 研究了鸟类栖息地的食物需求和空间需求。然后，鸟类学家从穿越大西洋海岸迁徙鸟类中选出了目标物种，Biornis Aesthetope 将是这些目标物种的适宜栖息地。树形结构建筑为 12 种鸟提供理想的筑巢条件，其中包括猛禽、鸣禽和猫头鹰。从天空上看，这是一片绿色的地方（图 5.3.19）。

（a）危险而无奈的“生存家园”

（b）成为生态点的屋顶花园

（c）预期的生态效果

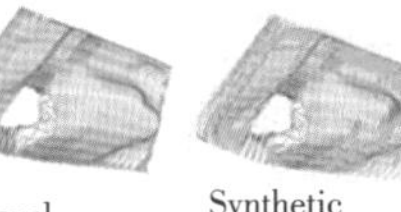

（d）不同景观要素的结构图

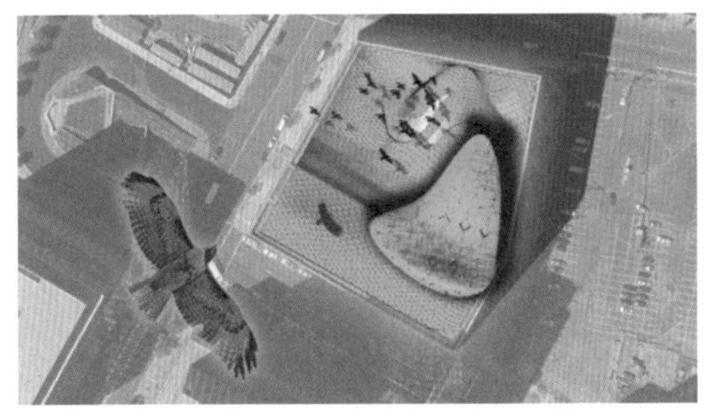

（e）鸟类迁徙路途中的“加油站”

（f）通过屏幕获得关于窗外景象的详细信息

图 5.3.19　生态树——作为鸟类栖息地的屋顶花园

为动物创造乐园与人类的生存之间并不矛盾，West 8 在鹿特丹围堰海滩景观工程中就实现了这样的目标。海边平整后的沙地上，铺设着黑白两种颜色的贝壳，对比强烈的几何图案使海岸线犹如安静的海底世界。贝壳的色彩是依据鸟类生活习性而选择的，白色的海鸟总是选择白色的贝壳进行伪装，而黑色的海鸟则选择黑色。在这块深浅不同的贝壳海滩上，栖息着众多的海鸟，使安静的海滩充满生机。随着自然的侵蚀，3 厘米厚的贝壳层将慢慢变成沙丘地，一切人工的痕迹终将回归自然。

伴随着人们期待景观都市主义对城市的救赎，荒野景观独特的美学效果开始冲击城市景观的常规模式，人们不再认为野草丛生是荒凉之地，而是被其蕴含的生命力量所折服。纽约高线公园就用这种方式拯救了被废弃的城市基础设施用地，将曾经非常重要的工业运输线转变成一处休闲公园，使其重新焕发生命力。设计突破了惯常使用的步道形式和植被布局，地面铺装采用了开放式的处理，植物可以从铺装的缝隙中向外生长。这种荒野式的种植方式，使这里充满了各种各样的空间体验：荒野的、热闹的、私密的、公共的。人们可以在线性空间里悠闲的行走，在植物环绕的木质座椅上享受日光。混杂式的空间布局，使人们与景观的接触十分自然，不像与种植池内的植物那样产生一种疏离感，处处充满了野性的活力与生机（图 5.3.20）。

（a）自由组合的花园布局

（b）不同区段的景观空间

（c）华盛顿草场

（d）被植物包围的座椅

（e）人们的休闲活动

（f）线性的公园

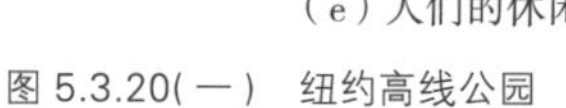

图 5.3.20(一)　纽约高线公园

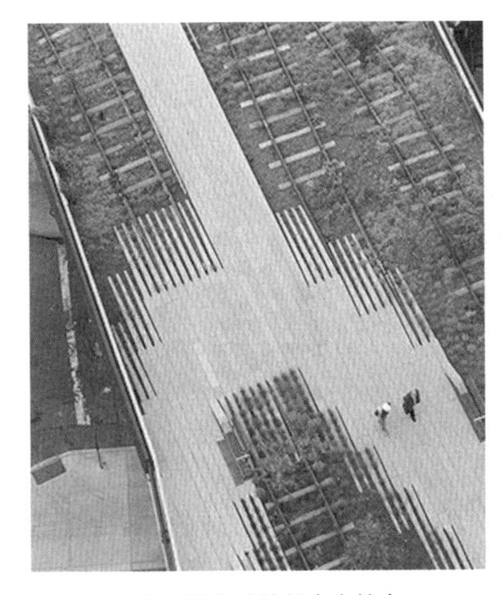

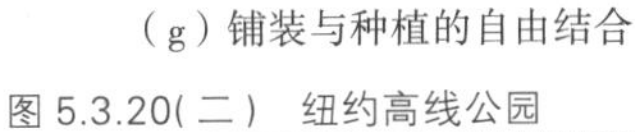

（g）铺装与种植的自由结合　　（h）极具生命力的野生植物

图 5.3.20（二）　纽约高线公园

Vincent　Callebaut 公司设想了一个更大的漂移花园，这个仿佛巨鲸一样的悬浮花园可以航行在任何一条河流之中，同时起到净化河水的作用。它是一个自给自足的生态系统，从绿色的屋顶和太阳能板上可以获取能量，也可以通过水电涡轮机从移动的水中获取能量，花园还将额外的水从河中抽取上来，通过生物过滤，去除其中的污染物（图 5.3.21）。

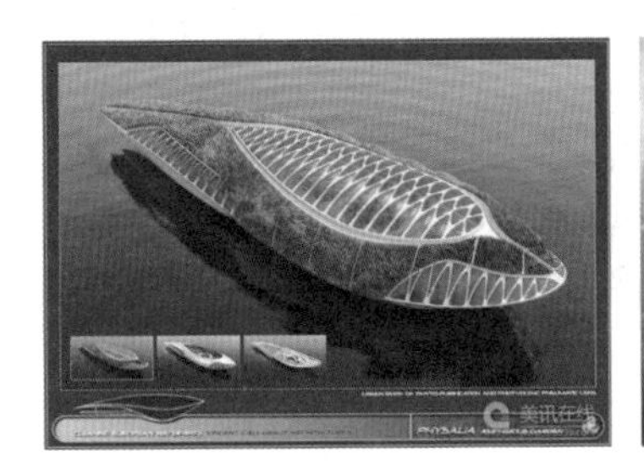

（a）漂浮的花园

（b）从河中取水过滤

（c）花园内的庭院

图 5.3.21　鲸型悬浮花园

5.3.2.4　艺术转换策略

用装置艺术的手法可以在不改变场地属性的前提下，为场地带来全新的面貌，并赋予场地新的内涵。转换过程以原有的场景格局为依托，通过设置临时的元素，组成有意味的主题。2005 年 2 月，纽约中央公园被红色所掩盖，步行的道路上设置了许多临时的框架，上面悬挂着红色的帆布。蜿蜒曲折的园路把红色带到公园中的每一处角落，为冷峻的冬天添加了许多明快的色彩（图 5.3.22）。

图 5.3.22　纽约中央公园临时艺术装置

装置艺术不局限于对形态体验的改造，也可以从体验的方式入手，改变环境的使用性质，提供目标明确的使用功能。“落地橡木”是一个临时的景观装置艺术，为进行室外的会议活动而设置。巨大的树干在草坪上围合成一个圆圈，并被道路所分割。人们随意地坐在适合的地方，或进行交流，或欣赏风景，无人使用的圆环在草坪上散发着神秘的气息（图 5.3.23）。

图 5.3.23　落地橡木

艺术化的手法还可以表达明确的意义，通过特殊的艺术形态和材料，可以快速地表达特定的主张。在贾克 · 西蒙的瞬息艺术中充盈着神秘的色彩，他往往取材于自然的材料，将其编织成奇异的造型，放置在树林之中或道路的边缘。这些随着季节逐渐腐烂的艺术品，显示了自然无法超越和解释的力量。通过艺术化的形式，作品从自然的背景中脱离出来，它的变换比自然自身更具有吸引力，更容易引起人们的关注。对它的体验充满着艺术化的浪漫和自然的真实，使普通的景观升华为艺术的场景。Dyck 公园保留了大部分的田野格局，并在其中添加了新的功能，使其从一个沟渠遍布的地方变成了艺术性的公园。在生长旺盛的农作物中，设计师植入了许多方形的空地，并放置了艺术化的景观设施，这些艺术品使生长的田野显得与众不同，为参观者提供了一种新的视角，田野不仅是获取粮食的土地，还是天然的艺术博物馆（图 5.3.24）。

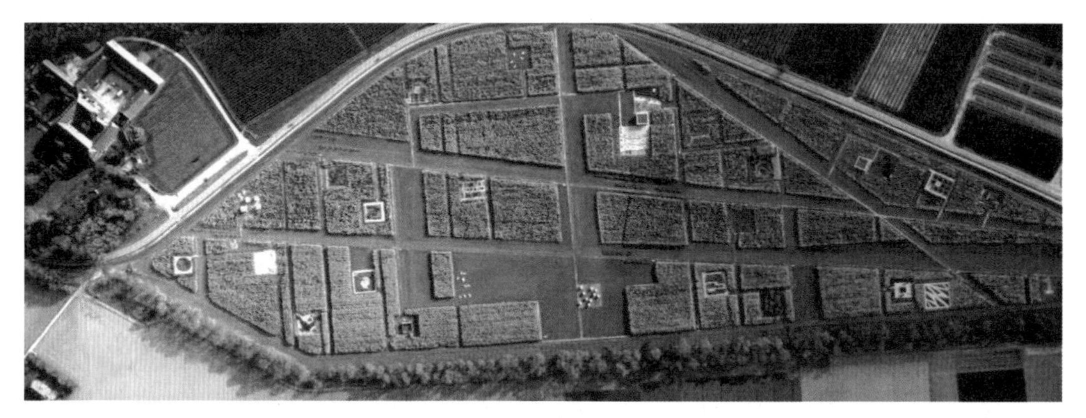

（a）公园平面

（b）规整的园路

（c）放置着艺术品的空间

（d）赋予新形象的田野

图 5.3.24　Dyck 田野中的公园

运用同样的方式，玛莎 · 施瓦茨则用回收的材料组成了一个临时的景观。以糖果为主题的花园位于学校空置的草坪上，她将废旧的轮胎涂上鲜艳的颜色，使其从远处看去就好像被放大的糖果。这些“轮胎糖果”被编织成规则的网格，以倾斜的角度与真实的糖果网格互相重叠。对废旧物品的艺术化改造使这个临时的艺术装置不断的提醒人们注意对环境的重视和爱护（图 5.3.25）。

（a）景观瞬息艺术

（b）糖果园鸟瞰

（c）糖果园细部

图 5.3.25　临时艺术装置

艺术的方式对尺度巨大的土地同样具有不凡的影响力，这样的景象从乡野的景观中可以轻易地发现。通过劳作对土地进行的艺术加工，使田野升华为具有自然属性的艺术品，随着景观视野的拓展，这样的作品成为具有特殊体验的场景（图 5.3.26）。贾克 · 西蒙将土地作为画板，用森林作为颜料，对农田进行雕刻般的梳理。在他一系列的农田艺术作品中，依据不同种植作物的色彩，在地面上绘出简单的图案，这些图案或抽象，或具象，虽然呈现出艺术加工的痕迹，确是对农田景观最贴切的表达（图 5.3.27）。

图 5.3.26　具有艺术效果的梯田景观

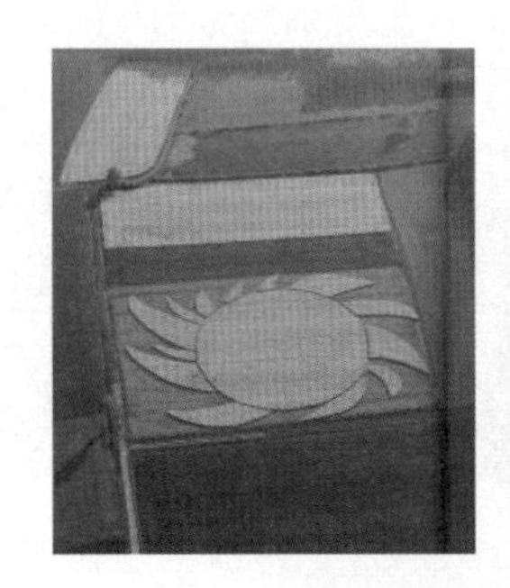

图 5.3.27　贾克 · 西蒙的农田艺术作品

用艺术化的手法处理土地的面貌，已经脱离了大地艺术的范畴，具有更广泛的内涵。比如用地貌的原生性展示了自然神奇的力量，用不可重复的形态使自然地貌充满了惊奇与神秘。乔治 · 哈格里夫斯在瓜的亚纳河滨河公园的规划设计中，从河道的肌理中获取了设计的灵感。景观的地形仿若河道冲刷后河滩上的纹理，交错起伏，曲折环绕。场地不仅具有艺术式的外貌，还是当地河流主要的泄洪通道。为了验证设计的效果和精度，他做了一个真实的试验模型，研究水流对场地影响。建成的方案不仅成为具有艺术特征的场地景观杰作，在洪水泛滥的季节，还发挥着重要的作用，确保着河流两岸的安全（图 5.3.28）。

（a）瓜的亚纳河滨河公园模型

（b）瓜的亚纳河滨河公园场地地形

图 5.3.28　瓜的亚纳河滨河公园

第 6 章　景观体验的案例研究

6.1 交互体验

景观与体验者之间的沟通可以借助电子媒介进行。这些技术包括三维输入设备、手势识别技术、视线跟踪技术、表情识别技术、语音识别技术、虚拟现实技术等。这些技术支持以虚拟的方式创造了虚拟的景观空间，并通过与体验者感官和肢体的互动，获得与实体景观一样有趣的体验。

景观设计师及艺术家在对交互景观设计演绎的过程中，试图通过知觉交互、行为交互、界面交互的方式探寻能让人在使用的过程中收获到乐趣和新奇的景观设计。在交互景观的体验中，景观作品及装置不但能充分调动体验者“视”“听”“触”“嗅”的感官功能，也可以对人们肢体移动、手势、生理机能的变化做出回应，从而引发受众思索、共鸣或探求等各种心理活动变化。

6.1.1 知觉交互

（1）视觉的交互体验。作为最为重要的感官体验，视觉体验在交互景观的设计与表达中，运用了计算机图形学、多传感器、并行处理技术使平面二维景观变成三维真实景象成为可能。在虚拟现实海报的景观案例中，设计者通过体验者手中的电子屏幕，将海报中的二维影像转换为三维的动态影像。这不仅可以带给体验者在现实维度中无法获得的视觉冲击与体验，也为体验者提供了传统表现方式无法比拟的交互式多媒体信息交流接口，从而为城市景观的功能性提供强有力的支持（图 6.1.1）。

图 6.1.1 “虚拟现实海报”景观装置

（2）触觉的交互体验。“水波”是一个通过体验者的身体触碰而改变固有环境的景观装置，其互动模式是通过体验者脚面与地面接触，使地面产生水波纹的体验过程（图 6.1.2）。电子感应板能及时感应到体验者脚面接触地面的轻重及位置，从而呈现出动态水纹的图案。在体验过程中，互动技术使人与空间之间建立了某种内在联系，体验者成为了创造景观中的原动力。

图 6.1.2 “水波”景观装置

（3）听觉的互动体验。“互动歌唱园艺”也是一个互动的装置。装置中的植物会根据人们的触碰产生不同的声音。其作用原理是当人们触碰或轻轻抚摸植物时，人身上的静电便会通过互动技术传送给植物根部的传感器，电脑软件将分析数据，并将其转换为“音乐”，然后通过扬声器系统播放（图 6.1.3）。这项技术将人和植物看作不同的生物界面，生物能及电能成为信息传播媒介，能量之间的相互转化使人与植物间的直接互动成为可能，共同作用并给予空间新的活力与氛围。

（4）嗅觉的互动体验。“焚香”这个作品实际是城市公共空间中的一组灯光装置，其设计灵感源于东南亚的“香”。体验者在其中穿梭时可以改变装置中金属丝的形状，而这个装置也会因为其形状的改变而散发出不同而香味，从而得到一种非同寻常的公共空间的体验（图 6.1.4）。味道的融入改变了整个空间感觉及氛围，体验者往往沉溺于因自身的互动所产生的气味的变化，并乐此不疲地从多种角度去探寻互动的可能性。

图 6.1.3 “互动歌唱园艺”景观装置

图 6.1.4 “焚香”景观装置

6.1.2 行为交互

（1）体感的交互体验。“流动”（Flow）装置是由上百个小排气扇组成的“景观墙”，当体验者接近它时，小风扇会随之转动，并且当人们路过的时候会出现虚幻、透明的领域，创造出别致的景观(图 6.1.5)。这个设计获得了荷兰最佳智能设计奖。它体现了声音、运动与风、光影交互的完美结合，体验者在移动中体验到自己的身体与动态空间、技术之间的关系，引发参与者作为空间环境一部分的自我意识。

（2）手势识别的交互体验。这个名为“嗅嗅”的景观装置实质是电脑控制的 3D 影像狗，能够通过在屏幕前人的动作的变化而改变自己的行为（图 6.1.6）。设施使用一个结合了游戏引擎的视频跟踪系统来辨别观看者的位置，并能够识别简单的手势。

图 6.1.5 “流动”景观装置

图 6.1.6 “嗅嗅”景观装置

（3）除了行为动作，作为生理机能反应的心跳和情绪也可以通过装置与体验者进行交互体验。如心跳感应雕塑在其内部嵌入了心形灯光，当访客将手放在感应装置上，红心将开始跳动并播放体验者心跳的声音（图 6.1.7）。在整个体验的过程中，体验者在不知不觉中成为景观的一部分。情绪交互雕塑可以把人们的内在情感通过一个环境实体上反映出来，快乐、厌恶、恐惧、爱等感情通过红、蓝、绿、黄四种颜色显示，当人们站在一个特定的感应区时，其当天的情绪就能折射在雕塑上（图 6.1.8）。这种交互装置虽然没有实际意义上的功能，但很好地隐喻了信息社会的不稳定特征，也展示了置身其中人的情绪化特征受外界信息刺激的反应结果。

图 6.1.7 心跳感应雕塑

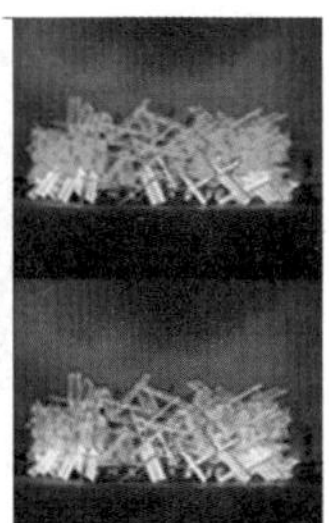

图 6.1.8 情绪交互雕塑

6.1.3 界面交互

(1) 将虚拟技术投射在景观界面上，可以创造有趣的体验。互动水墙提供了一种不被弄湿的情况下，人与水流互动的方式。体验者可以在界面上绘制简单的图形，并以此模仿引流或阻水装置，改变水流方向及流量大小。甚至，人们可以只是简单地站在它的前面，用整个身体去引导水流。这个景观作品在成为一面景观墙的同时，也提供了人们思维表达的呈现方式（图 6.1.9）。

图 6.1.9 互动水墙

(2) 体验者可以季节变化为主题进行互动。“四季景墙”通过银幕模仿不同季节的自然景观，游客可以通过手机选择不同的季节及不同的地点的风景，这些风景包括了沙漠、热带雨林、戈壁滩等多种场景模式，模拟在其中行走的体验。体验者甚至能通过手机调整云层的高度、太阳的入射角度、植物的密集程度等（图 6.1.10）。

图 6.1.10　四季景墙

（3）界面交互不仅体现在场景置换之中，也可以是体验者角色扮演或者角色转换的互动。在这个名为“换脸”的娱乐项目中，电子屏幕可以将站在感应区的人们的脸进行互换，朋友、家人，甚至是陌生人都可以参与其中，让人们在体验过程中捧腹大笑（图 6.1.11）。这种置换模式的对象没有任何限制。例如，在图 6.1.12 中，同一个广告的宣传界面可以植入多种类别的广告信息，人们自主选择所需求类别的广告，多种信息交互也可以纳入到广告宣传的系统之中，人们按照自己喜欢的方式，利用随身的电子设备，以各种方式获取广告信息（图 6.1.12）。

图 6.1.11　换脸

图 6.1.12　广告娱乐互动

交互景观的出现使景观与体验者之间不再是信息传播与接受的关系，而是相互扮演、相互转化。在交互过程中，环境、人、行为类似“导演、演员、观众”的角色。三者之间的动态过程，不是两者之间的连接，或两者之间的相互作用，而是人的行为影响环境的自我调节，环境反过来为体验者提供多元的选择。人景交互为城市公共空间提供了一种应对环境和人群的景观表达方式。

6.2 英国谢菲尔德的“金色步道”项目

谢菲尔德位于英国的中部地区，是英国重要的城市之一。七座相连的小山构成了整个城市的肌理。由于起伏的地形变化，市中心的面积并不大，城市中也很少有平直的道路。作为市中心的重要项目，谢菲尔德的“金色步道”项目获得2007年英国景观协会的大奖。由一系列的城市公共空间和街道组成的金色步道，并成为了谢菲尔德市经济和文化复兴的象征（图6.2.1）。

图6.2.1　谢菲尔德城市鸟瞰

1994年，这个项目被确定为城市中心发展的重要内容，在逐年的建设中，穿越步道的路线逐渐丰富，并且延长，最终穿过谢菲尔德的核心商业区，进入到居住区之中。这条带状的步行道连接了火车站、大学区、文化区、市中心和居住区等多个市中心的重要区域。当游客抵达谢菲尔德城市时，可以沿着这条游览线，直接步行到达谢菲尔德大学。在这条步行道上，人们会途经希夫广场（Sheaf Square）、霍华德步行道（Howard Street）、哈雷姆花园和哈雷姆广场（Hallam Gardens and Hallam Square）、千禧美术馆（the Millennium Galleries）、冬季花园（Winter Garden）、千禧广场（Millennium Square），在经过和平花园（Peace Gardens）后，到达市中心的商业区（图6.2.2）。

图 6.2.2　金色步道项目平面图

1—希夫广场；2—霍华德步行道和哈雷姆公园；3—千禧美术馆和冬季花园；4—千禧广场；5—和平花园；6—都铎广场；7—巴克斯水池；8—德文郡绿地

在金色步道中，每一个开敞空间都拥有独具特色的形式和元素，巧妙地利用流动的水景、高技术的金属构筑物和来自奔宁山脉的砂岩，隐喻谢菲尔德的地域特征和历史文化。

6.2.1 希夫广场

希夫广场位于谢菲尔德火车站的站前空间，周边是公交换乘站和谢菲尔德哈勒姆大学。政府对火车站进行了约1300万英镑投资修缮，之后指派EDAW顾问公司和市政府的“重生项目设计团队”进行谢菲尔德火车站站前的广场发展规划，使其成为总体规划中公共领域改造的内容。总体规划的目标是将火车站与城市市中心重新连接起来，营造出令游客难忘的城市门户，并提供一个清晰、无障碍的人行路线。

为了消解建筑下沉带来的空间和交通问题，设计团队用缓慢而弯曲的坡道引导人们从火车站入口进入市区。在提供行走便利的同时，修正了两个入口之间的空间错位，并利用街道与建筑之间的高差，为创造活力空间提供了机会。

坡道一侧是广场中最引人瞩目的名为“边缘切割”的不锈钢雕塑（图6.2.3）。该雕塑长81米，由Si Applied 和 Keiko Mukaide 共同设计。雕塑表皮由抛光不锈钢的刀片和艺术玻璃覆盖，约80吨的自重使其成为英国最大的不锈钢雕塑之一。材料的灵感来源于谢菲尔德钢铁制造的历史，最终的作品也是用当地的钢铁进行制作。随着坡道的下沉，雕塑的高度逐渐增长，并在车站入口处的浅水池中形成了“锋利”的尖端，隐喻着热钢叶片的淬火。流水从雕塑的顶部溢出，在不锈钢表皮形成一层轻薄的水膜。均匀而缓慢的水流刷亮了雕塑的表面，创造了一个极富有吸引力的闪烁效果。

图6.2.3 “边缘切割”雕塑

坡道的另一侧是跌落的台地式溢流泉（图 6.2.4）。水景由 RPDT 设计，426 个手工完成的堰石组搭建出的流线型水台，精湛的手工制作保证了水体流动的对称性和流畅性。水景的尺度宜人，非常友好。主人和小狗可以在水中嬉戏，旅客也可以在水边休息（图 6.2.5）。

图 6.2.4　黄昏下闪烁的雕塑和水体

图 6.2.5　在水中游戏的主人和宠物

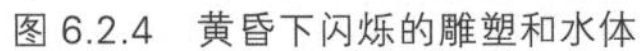

6.2.2　霍华德步行道和哈雷姆花园

访客经过希夫广场尽头的信号灯后，会进入到地形上升的霍华德步行道，并最终到达哈雷姆花园（图 6.2.6）。在项目建设之前，这里人车混杂，如今改造为步行通道，并为校园提供了安静的入口。原先杂乱狭窄的空间被优雅的行道树、开阔的草坪、整洁的铺装所替代。在这里，值得称赞的是由马赛克工作室 Mosaic Workshop 设计的一组水景。水从哈雷姆花园低矮的喷泉中流出，顺着下沉的地形，一路畅快的到达花园底部的终点，整个设计模拟了浇注熔融金属的过程（图 6.2.7）。

图 6.2.6　霍华德步行道

图 6.2.7　马赛克水体雕塑

6.2.3　千禧美术馆和冬季花园

千禧美术馆和冬季花园是连接霍华德步行道和市中心和平花园的重要空间。千禧美术馆和冬季花园都是由建筑师 Pringle Richards Sharatt 设计。美术馆包括四个独立的画廊，由玻璃和白色混凝土制作而成(图6.2.8和图6.2.9)。冬季花园是70米长，22米宽，21米高的木结构温室，表面覆盖着约2100平方米的玻璃，全年最低温度不低于4℃。

图6.2.8　美术馆中的展品

（a）室内　（b）室外

图6.2.9　冬季花园

6.2.4　千禧广场

千禧广场整合了美术馆与冬季花园周边的绿色空间，并与和平花园相连，由建筑师Allies 和 Morrison设计（图6.2.10)。其中的水雕塑来自于艺术家Colin Rose的构想。他在广场上安放了九个不锈钢球，直径从300毫米到2000毫米不等。每个球体都静静地安置在一个浅水池中，表面被恒定的水膜所包裹，这让球体变得灵动而富有生机。这组作品的主题是“雨”，意在营造水从云层滴落，落入地面的瞬间。球体光滑的表面像镜子一样，倒映着不断行走的云层。公众对作品的反应非常积极，吸引了很多市民和摄影师前来拍照。

图6.2.10　千禧广场

6.2.5 和平花园

1998年，作为庆祝谢菲尔德第二个千禧年的内容之一，和平花园在圣保罗教堂墓地遗址上被建造。在这个地形复杂的场地中，下沉广场、中心草坪、旱地喷泉、植物花镜等景观元素被巧妙地组织在一起。位于低处的古德温喷泉成为了花园的中心，89个独立的喷泉口提供了尺度宜人的游戏空间。在和平花园中穿越涌动的喷泉是小孩子们最喜爱的游戏。周边的绿地种植着丰富的多年生植物，在每个季节都会有丰富的季相变化，充分体现了当代英国园林的典型风格。关于鱼和来自谢菲尔德河流的植物形象都雕刻在了景观设施的基座上，8个巨大的青铜花瓶既是水源的出口，也代表着钢铁加工过程中正在浇筑的水和熔融的金属（图6.2.11）。

（a）从街道眺望和平花园

（b）从花园眺望城市街道

（c）隐喻钢铁浇铸过程的青铜花瓶

（d）镂刻植物图案的池底和基座

图6.2.11（一） 和平花园

（e）不同季节与喷泉嬉戏的孩子

（f）多年生植物

图 6.2.11（二） 和平花园

和平花园不仅是市中心最漂亮和最重要的花园，也是频繁举办公共活动的场所。在有限的空地中，举办过水世界、节日庆典、国际赛事等城市活动，是承载市民生活的重要城市客厅。

6.2.6 都铎广场

都铎广场位于英国最大的剧场建筑群的中央，前身是城市中心的停车场，2009 年被改建。作为城市文化创造的重要内容，都铎广场旨在是通过空间更新，提供与周边建筑群相称的城市文化公共空间。在长方形的空间中，形似天然石块的景观小品自由散置，为这里营造了轻松随意的氛围（图 6.2.12）。石头、木头和青铜依然是这里最主要的景观材料。座椅、植物容器、艺术品等功能也被高度集中在小品中，精致的细节和尺度保证了这里高品质的景观质量（图 6.2.13）。

图 6.2.12 都铎广场中仿石块的景观小品

图 6.2.13 室外屏幕观看剧场中的斯诺克比赛

6.2.7 巴克斯水池

谢菲尔德大会堂前的景观更新首先梳理了周边的道路和停车管理，并创造了两个引人注目的景观焦点——巴克斯水池和纪念碑，增设了花岗岩和青铜座位、街道家具和行人照明，为行人步行提供更舒适的空间。对称设置的巨型水池隐喻历史上的水库。由艺术玻璃构成的溢水台底侧安装了颜色可变的发光二极管和光纤照明，在夜晚营造出宁静而神秘的氛围（图 6.2.14 和图 6.2.15）。

图 6.2.14　巴克斯水池夜晚迷人的效果

图 6.2.15　水池为各种活动提供背景

6.2.8 德文郡绿地

德文郡绿地最初只建设了滑板公园，并赢得了年轻人喜爱。在之后的更新计划中，针对老年人和家庭，又进行了一系列的空间建设。在街道转角，增加了露天咖啡座椅区。在街道边缘，用艺术化的挡土墙围合了小型的花园，并镶嵌了供人们休息的空间。在绿地边缘增加了阶梯状坡地，以提供更多额外的座椅（图 6.2.16 和图 6.2.17）。

图 6.2.16　绿地周边休息的人群

图 6.2.17　街角的露天咖啡座椅区

在所有的空间中，水景都进行了专业而细致的设计，并被精心维护。这项工作最大的挑战是供水、排水、防水和净化。城市中心的管理团队为此提供清洁技术，并确保广场的安全。许多水源都是从专用的水处理设备中流出。希夫广场的水从一个很大的室内空间流出；千禧广场的水从球体顶部流入到封闭的抽水系统；和平花园喷泉的管道室被藏在地下；过滤和处理巴克斯水池循环水的小机房坐落于附近的花园中。经过过滤和消毒的水体不仅能够充分保持金属表面的光洁感和精致度，也为人们提供了安全的嬉水环境。无论在白天还是黑夜，可触摸的水景都使这些空间充满无限体验的可能，令人心情愉悦。

同时，这些空间不仅仅是宜人的步行场所，也是城市公共生活的重要空间，它们几乎包容了所有的城市公共生活，而不是沦为城市空间的装饰品（图 6.2.18）。

（a）圣诞节的旋转木马

（b）周末的游乐设施

（c）周末的集市

图 6.2.18　城市公共生活的载体

6.3　谢菲尔德大学景观系体验式景观项目研究

6.3.1　体验式景观项目研究概况

体验式景观（Experiential Landscape）项目是围绕“人、场所和空间”开展的一系列研究与应用。研究小组将理论研究和项目实践相结合，提供了人与人之间、人与环境之间的研究方法。研究提出的“体验过程”理论，将人的感知、人际互动和环境建设进行了整合。在这个过程中，个人感知和群体关注对自我价值、自我尊重和社会凝聚力的形成有积极的作用。研究还发现由个人角色构建的社会网络有助于环境的改善和城市的发展。

6.3.2 主要成员

该研究的核心成员包括不同领域的专家和学者。Kevin Thwaites 博士主要研究景观设计理论和城市及住区中的空间体验。他从现象学的角度出发，关注在城市户外环境中人们日常生活的体验和表达。Ian Simkins 博士的研究提供了一种依据适龄儿童的空间体验进行景观设计决策的方法。他的研究还表明了户外活动对年轻人的重要性，尤其是在孩童时期，丰富的户外设施体验对儿童行为有着积极的影响。Alice Mathers 博士通过对视觉通信技术的开发，使学习障碍者参与城市绿色空间设计成为可能。Alice 还建立了学术界、社区、供应商及地方部门之间的合作伙伴关系，致力于政策的改变和为学习障碍者提供更多的服务和培训。

6.3.3 研究成果

体验式景观是人们对日常生活经验的重新关注和解释，它的研究成果可以帮助规划和设计机构，设计出促进身心健康和友好交流的环境，增强社区参与和提升社会的凝聚力。

研究项目提出了体验式景观的相关设计原则和体验地图的绘制方法。核心设计原则包括个体移情、个体认同、自我激励和交流互动。体验地图用于记录人的体验与场所之间的关系，这种关系可以归结为对地点附加意义和价值、定位及归属感，与之相关的四个空间概念是中心、方向、过渡和范围。通过体验地图可以清晰地发现由个人体验构成的具有代表性的体验集合，这个集合超越了人地关系的审美层面和功能层面，为规划和设计提供了依据。

6.3.4 研究案例

自 1999 年以来，研究小组在不同的社区进行了项目研究和实践。

6.3.4.1 案例 A ："我们想要什么样的公交车！"（2009）

这个研究旨在让社区和政策决策者了解体验作为政策参考手段的作用。参与者通过讨论工作坊、城市公交旅行、访谈、看动画和电影等方式参加研究。研究成果为 2009 年谢菲尔德市议会的发展战略提出了政策建议；促进成立南约克郡客运交通执行委员会，并为其提供培训和项目策划；为学习障碍咨询项目和英国阿伯丁郡的阿伯丁委员会 2010 年资助项目提供联合顾问服务。

项目由学习障碍自我宣传团队“呼声和选择”发起，针对学习障碍者的生理和心理特征，从搭乘公交车入手，通过制定政策及相关设计，帮助他们像普通人一样的学习和生活。

学习障碍者不仅在表达、阅读和社会交往等方面存在障碍，在自我行为调节方面也存在障碍。因此，在公共生活中，他们缺乏社会适应的技能，倾向于依赖别人。谢菲尔德研究团队采用写作、看电影等方式与学习障碍者进行沟通，鼓励他们进行表达，共同设计出他们想要的公共交通方式（图 6.3.1）。访谈包括到达公交车站的过程体验、站台体验、乘车体验、下车体验等方面的内容。学习障碍者通过绘画、摄影等方式，将他们的想法传达给设计者。

图 6.3.1　学习障碍者对巴士进行绘画

从学习障碍者的绘画及影像作品中，可以解读出很多内容(图 6.3.2)。如在公交站点，站牌语言和信息展示的颜色很难被学习障碍者理解；公交时刻表放置的位置太高，导致无法取用；在公交车上，残障人士面临在人流高峰时被推搡和挤压的风险；门口总是站满乘客，很难下车；轮椅折叠后，没有就座空间等问题。

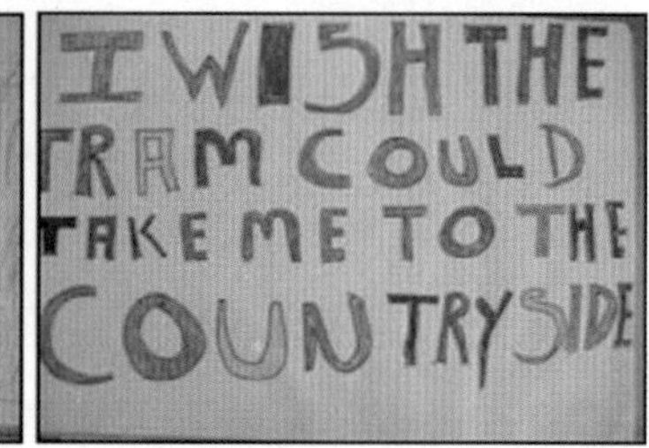

图 6.3.2　学习障碍者对期望中公交车的绘画表达

为了增强学习障碍者搭乘公交系统的信心及安全感，引导并争取学习障碍者家庭成员的支持，帮助他们在城市中独自出行，研究小组提出了便于学习障碍者使用的本地服务设施设计方案。内容包括公交停靠时，自动播报所到站点、线路方向及下一站的站名；提供更为干净整洁的乘车环境，避免环境脏乱引起学习障碍者的不适；对于同车的乘客及儿童进行引导，避免喧哗造成学习障碍者的情绪波动；设置更多的保安及服务人员，为学习障碍者提供更为安全的乘车环境；对站点服务人员进行培训等。

在项目结束前，研究小组开发了项目网站，为居民提供持续讨论的平台，收集后续的改进方案及建议。随着时间的推移，项目可以在更长的时间内，为相关研究提供帮助，并受到公众的持续关注。

6.3.4.2　案例 B：基础阶段单元（2009）

这个项目旨在帮助小学生进行自我概念的建立与开发。孩子们可以通过录制声音、摄影和绘画等多种方式，与“现在的世界、希望中的世界、未来的世界”进行对话（图 6.3.3)。

除了项目实践之外，研究成员还进行了多场学术会议报告，出版和发表了诸多著作和学术论文。研究小组还可以提供专项咨询与培训服务，诸如瑞典举行的为期一天的体验观测技术和地图绘制工作营，马来西亚开设的为期五天的国际培训课程等。

图 6.3.3　孩子们通过自己的方式与“世界”对话

注：

6.1 节　内容均来源于网站资料的整理

链接地址：http://www.smashingmagazine.com

6.2 节　部分内容来源于网站资料的整理

链接地址：http://www.uklandscapeaward.org

其中图片 6.2.3 源于 赵宏宇拍摄

6.3 节　内容均来源于体验式景观的官方网站资料的整理

链接地址：http://www.elprdu.com/projects.html

参考文献

[1] R.A.Makkreel, Dilthey. Philosopher of the Human Studies. Princeton University, 1992: 141-143.

[2] 王一川．审美体验论．天津：百花文艺出版社，1992: 5-20.

[3] 王一川．意义的瞬间生成．济南：山东文艺出版社，1988: 6-10.

[4] 王一川．中国现代性体验的发生．北京：北京师范大学出版社，2001: 70-90.

[5] 张奎志．体验批评：理论与实践．北京：人民出版社，2001: 20-25.

[6] 刘惊铎．道德体验论．北京：人民教育出版社，2003: 25-27.

[7] 刘惊铎．道德体验论．北京：人民教育出版社，2003: 28-30.

[8] 谢彦君．旅游体验研究走向实证科学．北京：中国旅游出版社，2009: 3-10.

[9] Φ．E．瓦西留克．体验心理学．黄明．北京：中国人民大学出版社，1989: 3.

[10] 车文博．人本主义心理学．杭州：浙江教育出版社，2005: 144.

[11] 杨韶刚．超个人心理学．上海：上海教育出版社，2006: 10.

[12] 孟昭兰．情绪心理学．北京：北京大学出版社，2005: 4.

[13] B. Joseph Pine Ⅱ, James H. Gilmore. The Experience Economy. Harvard Business School Press, 1999: 2-15.

[14] Steen Eiler Rasmussen. Experiencing Architecture. MIT Press, 1957: 27-34.

[15] 诺伯格·舒尔茨．场所精神——迈向建筑现象学．施植明．武汉：华中科技大学出版社，1995: 30.

[16] 陆邵明．建筑体验——空间中的情节．北京：人民教育出版社，2003: 25-30.

[17] 沈克宁．建筑现象学．北京：中国建筑工业出版社，2008: 5-40.

[18] 彭怒，支文军，戴春．现象学与建筑的对话．上海：同济大学出版社，2009: 158-245.

[19] 西蒙兹．景观设计学—场地规划与设计手册．俞孔坚．北京：中国建筑工业出版社，2000: 270-300.

[20] Jay Appleton. The Experience of Landscape. John Wiley and Sons, 1975: 73-93.

[21] Ian H. Thompson. Ecology Community and Delight-Sources of Values of Values in Landscape Architecture. E&FN Spon, 1999: 28-30.

[22] Naveh Z, lieberman A S. Landscape Ecology: Teory and Aplication. Springer-verlarg, 1993: 10.

[23] Daniel T. C, Boster R. S. Measuring Landscape Aesthetics, The Scenic Beauty Estimation Method, (USDA Forest Service Research Paper RM-167), Fort, 1976.

[24] Sauer, C.D. The morphology of landscape. University of California Publications in Geography, 1925, 2: 19–53 Reprinted in J. Leighly, ed. (1963) Land and life: A Selection from the Writings of Carl Ortwin Sauer. Berkeley and Los Angeles, Ca: University of California Press, 315–350.

[25] Joan Iverson Nassameer. Culture and Changing Landscapes Sructures. Landscapes Ecology, 1995, 10(4): 229–237.

[26] 俞孔坚 . 景观的含义 . 时代建筑 . 2002, (1): 14–17.

[27] 张奎志 . 体验批评 : 理论与实践 . 北京：人民出版社 , 2001: 77.

[28] R•A•Makkreel. Dilthey: Philosopher of the Human Studies. Princeton University, 1992: 141–153.

[29] 狄尔泰 . 历史中的意义 . 北京：中国城市出版社 , 2002: 210.

[30] 柏格森 . 形而上学导论 . 北京 : 华夏出版社 , 2000: 38.

[31] 胡塞尔 . 现象学的观念 . 上海：上海译文出版社 , 1986: 16–48.

[32] 海德格尔 . 海德格尔选集 . 上海：上海三联出版社 , 1996: 1206–1207.

[33] 伽达默尔 . 真理与方法 . 沈阳：辽宁人民出版社 , 1987: 86–87.

[34] 哈里森，斯本兹 . 国际旅游规划案例分析 . 周常春，苗学玲，戴光先，译 . 天津：南开大学出版社 , 2004: 672–676.

[35] Bernd. H. Schmitt. Experiential Marketing. 北京：清华大学出版社 , 2004: 24–57.

[36] B. 约瑟夫・派恩 , 詹姆斯・H. 吉尔摩 . 体验经济 . 北京 : 机械工业出版社 , 2002: 12.

[37] 张春兴 . 现代心理学 . 上海 : 上海人民出版社 , 1994: 173.

[38] 威尔逊 . 现代最具影响力的景观设计师 . 张红卫 . 昆明：云南科技出版社 , 2005: 60.

[39] 朱淳 , 张力 . 景观艺术史略 . 上海：上海文化出版社 , 2008: 12.

[40] 弗洛姆 . 在幻想锁链的彼岸 . 长沙：湖南人民出版社 , 1986: 93.

[41] 曹诗图 . 文化与环境 . 人文地理 . 1994, (2): 51.

[42] 诺斯洛普・弗莱 . 批评之路 . 王逢振 , 秦利明 . 北京：北京大学出版社 ,1998:71.

[43] 约翰・奥姆斯比・西蒙兹 . 启迪 : 风景园林大师西蒙兹考察笔记 . 方薇 , 王欣 . 北京：中国建筑工业出版社 , 2010: 9.

[44] 王晓俊 . 西方现代园林设计 . 南京：东南大学出版社 , 2000: 69.

[45] 滕守尧 . 审美心理描述 . 成都：四川人民出版社 , 2005: 50.

[46] James・J・Gibson. The Perception of the Visual World. The Riverside Press, 1950: 11–14.

[47] 阿恩海姆 . 艺术与视知觉 . 滕守尧 . 杭州：中国美术学院出版社 , 2006: 18–31.

[48] 张耀均 . 隐喻的身体——梅洛・庞蒂身体现象学研究 . 杭州 : 中国美术学院出版社 , 2006: 18–31.

[49] 常怀生 . 建筑环境心理学 . 武汉：华中科技大学出版社 . 1995: 21.

[50] Mauri Ce Merleau Ponty. The Primacy of Perception. Northwestern University Press, 1964: 174.

[51] Edward T. Hall. The Hidden Dimension. Anchor Books, 1969: 85.

[52] 陈志华 . 外国造园艺术 . 郑州：河南科学技术出版社 , 2001: 100.

[53] Juhani Pallasmaa. The Eyes of the Skin, Architecture and the Senses. Wiley–Academy, 2005: 29.

[54] Jean–Fran ois Augoyard.Culture sonore et identitŽ urbaine. France: CRESSON, 1990.

[55] Oliver BALAÙ.Les Indicateurs de l'indentitŽ sonore d'un quartier.France: CRESSON, 1999.

[56] 纪卿 . 法国城市声音风景理论及对我国的启发 . 建筑学报 . 2006, (3): 11–14.

[57] 葛坚，卜菁华 . 关于城市公园声景观及其设计的探讨 . 建筑学报 . 2003, (9): 58–60.

[58] 袁晓梅，吴硕贤 . 中国古典园林声景观的三重境界 . 古建园林技术 .2009（3）: 27.

[59] 王向荣，林箐，蒙小英 . 北欧国家的现代景观 . 北京：中国建筑工业出版社 , 2007: 7.

[60] 冯炜 . 透视前后的空间体验与建构 . 李开然 . 南京：东南大学出版社 , 2009: 76.

[61] 刘志红 . 社会心理学 . 北京：中国劳动社会保障出版社 , 2007: 4.

[62] 沙莲香 . 社会心理学 . 北京：中国人民大学出版社 , 2006: 123.

[63] 刘纯 . 旅游心理学 . 北京：科学出版社 , 2004: 205.

[64] 李开周 . 千年楼市 . 广州：花城出版社 , 2009: 19–20.

[65] Joel M. Charon, ed. Meaning of Sociology. Englwood Cliffs: Prentice Hall, 1990: 204.

[66] http: //bbs. chla. com. cn.

[67] 郑时龄 . 建筑批评学 . 北京：中国建筑工业出版社，2001: 183.

[68] 阿摩斯・拉普卜特 . 文化特性与建筑设计 . 常青，张昕，张鹏 . 北京：中国建筑工业出版社 , 2004: 2.

[69] 伊丽莎白・巴洛・罗杰斯 . 世界景观设计 Ⅰ . 韩炳越等 . 北京：中国林业工业出版社 , 2005: 230.

[70] 理查德・格里格，菲利普・津巴多 . 心理学与生活 . 王垒，王更生 . 北京：人民邮电出版社 , 2003: 523.

[71] Raphael Samuel. Theme Park—Why Not. Routledge, 2000: 106.

[72] 沙莲香 . 社会心理学 . 北京：中国人民大学出版社 , 2006: 123.

[73] 方方 . 风景深处 . 上海：学林出版社 , 2009: 41–45.

[74] Yi–Fu Tuan. Topophlia: Study of Environmental Perception, Attitude and Values. Prentice–Hall Inc. Englewood Cliffs, 1974: 92–95.

[75] 麦克哈格 . 设计结合自然 . 芮经纬 . 天津：天津大学出版社 , 2008: 6.

[76] 刘文敏，俞美莲 . 国外农业旅游发展状况及对上海的启示 . 上海：上海农业学报 . 2009(5): 39–41.

[77] 林箐，王向荣 . 地域特征与景观形式 . 中国园林 . 2005(6): 17.

[78] 乐卫忠 . 美国国家公园巡礼 . 北京：中国建筑工业出版社 , 2009: 275.

[79] 朱建宁 . 法国国家建筑师菲利普·马岱克（Philippe Madec）与法国风景园林大师米歇尔·高哈汝（Michel Corajoud）访谈 . 中国园林，2004（5）: 1–6.

图片来源

第 2 章

图 2.1.3 克瑞斯・范・乌菲伦．景观建筑设计集锦 2. 刘晖，梁励韵．中国建筑工业出版社，2010: 356–357.

图 2.1.4 https://www.flickr.com/photos/evanbuechley/2213238119/.

图 2.1.6 苏菲—巴尔波．生态景观．辽宁科学技术出版社，2010: 270–271.

图 2.1.7 贝思出版有限公司．城市景观设计．江西科学技术出版社，2002: 97–107.

图 2.2.2 G ü nter Nilschke. Japanese Gardens. Taschen Press, 2007: 179.

图 2.2.3 王晓俊．西方现代园林设计．东南大学出版社，2000: 69.

图 2.2.4 王晓俊．西方现代园林设计．东南大学出版社，2000: 69.

图 2.2.5 李仲广．基础休闲学．社会科学文献出版社，2004: 27.

图 2.2.6 http: //blog. stnn. cc/jinhua/Efp_Bl_1001225706. aspx　敏思博客．

图 2.2.8 http://bbs.zol.com.cn/dcbbs/d17_9312.html.

图 2.2.9 Bernd•H•Schmitt. Experiential Marketing. 清华大学出版社，2004: 24–57.

图 2.2.10 简・岸密顿．移动的地平线．安基国际印刷出版有限公司，2006: 142–149.

图 2.3.3 克瑞斯・范・乌菲伦．景观建筑设计集锦 2. 刘晖，梁励韵．中国建筑工业出版社，2010: 356–357.

图 2.3.6 国际新景观．国际新景观设计年鉴 08/09. 华中科技大学出版社，2009: 330–333.

图 2.3.9（a）威尔逊．现代最具影响力的景观设计师．张红卫．云南科技出版社，2005: 60.

图 2.3.9（b）王向荣，林箐．现代西方景观设计的理论和实践．中国建筑工业出版社，2002: 43.

图 2.4.3（c）简・岸密顿．移动的地平线．安基国际印刷出版有限公司，2006: 142–149.

图 2.4.4（a）王向荣，林箐．现代西方景观设计的理论和实践．中国建筑工业出版社，2002: 43.

图 2.4.5 http://www.sdctravel.com.au/upload/alicerock02.jpg.

图 2.5.1 欧洲景观设计基金会．欧洲景观设计学—实地分析．香港时代出版社，2008: 172–174.

图 2.5.2 国际新景观．国际新景观设计年鉴 06/07. 四川大学出版社，2007: 124–127.

图 2.5.3 http://shuijing.blog.576tv.com/files/UploadFiles/2010-07/06162539953.jpg.

图 2.5.4 乌多・维拉赫．当代欧洲花园．曾洪立．中国建筑工业出版社，2006: 69.

图 2.5.5 苏菲—巴尔波．生态景观．辽宁科学技术出版社，2010: 270–271.

图 2.5.6 王向荣，林箐．现代西方景观设计的理论和实践．中国建筑工业出版社，2002: 43.

第3章

图 3.1.2 原研哉．设计中的设计．山东人们出版社，2006: 73.

图 3.1.3 林璎．波场．风景园林．2010(1): 32–33.

图 3.1.4（a）郦芷若，朱建宁．西方园林．河南科学技术出版社，2001: 200.

图 3.1.4（b）、（c）王向荣，林箐．现代西方景观设计的理论和实践．中国建筑工业出版社，2002: 43.

图 3.1.5（c）Aurora Fernάndez Per. The Public Chance. A+T Ediciones, 2008 : 310.

图 3.1.6 郦芷若，朱建宁．西方园林．河南科学技术出版社，2001: 200.

图 3.1.7 郦芷若，朱建宁．西方园林．河南科学技术出版社，2001: 200.

图 3.1.8 都市实践．笋岗片区中心绿化广场．世界建筑．2007, (8): 54–57 .

图 3.1.9 http://bbs.shejiqun.com/.

图 3.1.10（a）、（b）ARCHIWORLD 公司．国外最新公共空间景观设计．大连理工出版社，2008: 154.

图 3.1.10（c）、（d）Stosslu. 国际新锐景观事务所作品集．刘亚南，张媛媛，杨宇芳．大连理工大学出版社，2008 : 120–121.

图 3.1.12 Oliver BALAÙ.Les Indicateurs de l'indentitž. sonore d'un quartier.France: CRESSON, 1999.

图 3.1.14 http://www.chla.com.cn/.

图 3.1.15 简・岸密顿．移动的地平线．安基国际印刷出版有限公司，2006: 142–149.

图 3.1.17 http: //windy913. blog. hexun. com/23462756_d. html.

图 3.1.18 克瑞斯・范・乌菲伦．景观建筑设计集锦 2. 刘晖，梁励韵．中国建筑工业出版社，2010: 356–357.

图 3.1.19 俞孔坚．足下文化与野草之美——产业用地再生设计探索，岐江公园案例．中国建筑工业出版社，2003: 121.

图 3.1.20 大卫・坎普，王玲．每个人的花园——伊丽莎白和诺娜・埃文斯康复花园．城市环境设计．2007, (6): 38.

图 3.1.21 卡菲・凯丽．艺术与生存——帕特丽夏・约翰松的环境工程．陈国雄．湖南科学技术出版社，2008: 19.

图 3.1.22 Hargreaves Associates. Landscape Alchemy—the Work of Hargreaves Associates. ORO editions, 2010: 47.

图 3.1.23 庞伟，张健，黄征征．景观・观点．大连理工大学出版社，2008: 76, 178–183.

图 3.1.26 卡菲・凯丽．艺术与生存——帕特丽夏・约翰松的环境工程．陈国雄．湖南科学技术出版社，2008: 19.

图 3.1.27 卡菲・凯丽．艺术与生存——帕特丽夏・约翰松的环境工程．陈国雄．湖南科学技术出版社，2008: 19.

图 3.1.28 国际新景观．国际新景观设计年鉴 06/07. 四川大学出版社，2007: 124–127.

图 3.1.29 http: //www. computerarts. com. cn/show_news. php?id=1136 数码艺术杂志．

图 3.2.1(a)、(b) 克瑞斯・范・乌菲伦．景观建筑设计集锦 2. 刘晖，梁励韵．中国建筑工业出版社，2010: 356–357.

图 3.2.1(c) Artecho Architecture. 观海花园．国际新景观．2010, (5): 36.

图 3.2.2 法国亦西文化．大地的瞬息形迹——贾克・西蒙设计作品专辑．辽宁科学技术出版社，2009: 14–47.

图 3.2.3 George Hargreaves. Landscape Alchemy. Archiworld, 2010: 140–144.

图 3.2.4 Maria Kim. Landscape Architect Ⅱ Hargreaves Associates. Kwang Young Jeong, 2008: 54–55.

图 3.2.5 A+T Ediciones. A+T Espacios colectivos in common III . 2006: 100–105.

图 3.2.6 BBC 纪录片《世界八十宝藏》截图．

图 3.2.7 克瑞斯・范・乌菲伦．景观建筑设计集锦 2. 刘晖，梁励韵．中国建筑工业出版社，2010: 356–357.

图 3.2.8 Colin Ferns. New World Landscape. Laurence King Publishing, 2004: 79–83.

图 3.2.9 lloyd W. Value by Design: Landscape, Site Planing, and Amenities. the Urban and Institute, 1994: 70.

图 3.2.10 国际新景观．国际新景观设计年鉴 08/09. 华中科技大学出版社，2009: 330–333.

图 3.2.11 国际新景观．国际新景观设计年鉴 08/09. 华中科技大学出版社，2009: 330–333.

图 3.2.12 国际新景观．全球顶尖 10x100 景观．华中科技大学出版社，2008: 261–263.

图 3.2.13 (a) Yoyo. Contemporary New Landscape Design. 香港时代出版社，2008: 2.

图 3.2.13 (b) 卡菲・凯丽．艺术与生存——帕特丽夏・约翰松的环境工程．陈国雄．湖南科学技术出版社，2008: 19.

图 3.2.14 C3 月刊．滨水建筑：缝合城市 欧洲的广场．C3 月刊出版社，2010: 58–73.

图 3.2.15 Hargreaves Associates.Landscape Architectuct Ⅱ Hargreaves Associates.2010: 146.

图 3.2.16 林璎．女子桌．风景园林．2010, (1): 28–29.

图 3.2.17 林璎．读花园．风景园林．2010, (1): 35.

图 3.2.18 威尔逊．现代最具影响力的景观设计师．张红卫．云南科技出版社，2005: 60.

图 3.2.19 海德格尔．海德格尔选集．上海三联出版社，1996: 1206–1207.

图 3.2.20 Jacobo Krauel. the Art of Landscape. AZUR Corporation, 2006: 4–17.

图 3.3.2 苏菲—巴尔波．生态景观．辽宁科学技术出版社，2010: 270–271.

图 3.3.3 Stosslu. 国际新锐景观事务所作品集．刘亚南，张媛媛，杨宇芳．大连理工大学出版社，2008：120–121.

图 3.3.4 欧洲景观设计基金会．欧洲景观设计学——实地分析．香港时代出版社，2008: 172–174.

图 3.3.5 Dimitris Kottas. Urban Spaces— Squares and Plazas. AZUR Corporation, 2007: 66–75.

图 3.3.8 Rockport. America Landscape. LOFT Publication, 2008: 96–99.

图 3.3.12（a）http: //rockefeller_murakami_baloon.

图 3.3.12（b）http: //www. panoramio. com/photo/9322876.

图 3.3.13 澳派．聚会场所——小巷子的艺术品．国际新景观．2010, (1): 64–69.

第 4 章

图 4.1.3 郦芷若，朱建宁．西方园林．河南科学技术出版社，2001: 200.

图 4.1.5 加文・金尼．第二自然——当代美国景观．孙晶．中国电力出版社，2007: 16.

图4.1.6 Aldo Aymonino. Contemporary Public Space. Rizzoli International Publications, 2006: 24 .

图 4.1.9 胡洁，吴宜夏，吕璐珊．北京奥林匹克森林公园景观规划设计综述．中国园林．2006, (6): 1–7.

图 4.1.10（a）、（b）章明，张姿．事件建筑．建筑学报．2010, (5): 4.

图 4.1.10（c）张浪，陈敏．打造“绿色世博、生态世博”．中国园林．2010, (5): 4.

图 4.1.10（d）胡洁，吴宜夏，吕璐珊．北京奥林匹克森林公园景观规划设计综述．中国园林．2006, (6): 1–7.

图 4.1.11 沈悦．来自日本世博会的智慧．景观设计学．2010, (2): 30–35.

图 4.2.2 lloyd W. Value by Design: Landscape, Site Planing, and Amenities. the Urban and Institute, 1994: 70.

图 4.2.5（b）张祖刚．世界园林发展概论——走向自然的世界园林史图说．建筑工业出版社 ,2003: 223.

图 4.2.5（c）王向荣，林箐．现代西方景观设计的理论和实践．中国建筑工业出版社．

图 4.2.9 George lam. Landscape Design@USA. Pace Publishing Limited, 2007: 237–239.

图 4.2.11 冷红，袁青．韩国首尔清溪川复兴改造．国际城市规划．2007, (4): 43–47.

图 4.2.13（a）http: //sports. sina. com. cn/s/2010–02–14/08051637913s. shtml.

图 4.2.13（b）http: //www. rmloho. com/user2/14264/archives/2007/294018. html.

图 4.2.15 王波．回归感官．时代建筑．2010, (3): 105.

图 4.2.16 刘庭风．中日古典园林比较．天津大学出版社，2003: 2.

图 4.2.17 lloyd W. Value by Design: Landscape, Site Planing, and Amenities. the Urban and Institute, 1994: 70.

图 4.2.18 郦芷若，朱建宁．西方园林．河南科学技术出版社，2001: 200.

图 4.2.19（b) 郦芷若，朱建宁．西方园林．河南科学技术出版社，2001: 200.

图 4.3.1 欧洲景观设计基金会．欧洲景观设计学——实地分析．香港时代出版社，2008: 172–174.

图 4.3.3（a）、（b）布莱恩・劳森．空间的语言．杨青娟，韩效，卢芳，李翔．建筑工业出版社，2003: 221–223.

图 4.3.5（a）艾森曼建筑师事务所．欧洲犹太遇害者纪念碑．世界建筑．2006, (9): 120–123.

图 4.3.5（b）伊丽莎白·巴洛·罗杰斯．世界景观设计 I．韩炳越等．中国林业工业出版社，2005: 230.

图 4.3.5（c）郦芷若，朱建宁．西方园林．河南科学技术出版社，2001: 200.

图 4.3.6 郦芷若，朱建宁．西方园林．河南科学技术出版社，2001: 200.

图 4.3.10 Sauer, C.D. The morphology of landscape. University of California Publications in Geography, 1925, 2: 19–53 Reprinted in J. Leighly, ed. (1963) Land and life: A Selection from the Writings of Carl Ortwin Sauer. Berkeley and Los Angeles, Ca: University of California Press, 315–350.

图 4.3.11 lloyd W. Value by Design: Landscape, Site Planing, and Amenities. the Urban and Institute, 1994: 70.

图 4.3.12 http: //www. computerarts. com. cn/show_news. php?id=1136 数码艺术杂志．

图 4.3.14 George lam. Landscape Design@USA. Pace Publishing Limited, 2007: 237–239.

图 4.3.15（b）景观设计杂志社．世界前沿景观设计．大连理工大学出版社，2007: 292–293.

图 4.3.21 简·吉列．“反省缺失”——世贸中心 911 国家纪念园．景观设计学．2010(2): 71–77.

第 5 章

图 5.1.2 Stosslu. 国际新锐景观事务所作品集．刘亚南，张媛媛，杨宇芳．大连理工大学出版社，2008：120–121.

图 5.1.4 欧洲景观设计基金会．欧洲景观设计学——实地分析．香港时代出版社，2008: 172–174.

图 5.1.6（b）http//www. wallcoo. com 猫猫壁纸酷．

图 5.1.9 https: //www. davisfarmland. com/farmland 戴维斯农场网站．

图 5.1.11 张晋石，王向荣，林箐．苏塞公园．风景园林．2006(6): 100–102.

图 5.1.13 Stosslu. 国际新锐景观事务所作品集．刘亚南，张媛媛，杨宇芳．大连理工大学出版社，2008：120–121.

图 5.1.14 http: //www. west8. nl.

图 5.2.1 法国亦西文化．大地的瞬息形迹——贾克·西蒙设计作品专辑．辽宁科学技术出版社，2009: 14–47.

图 5.2.2（a）Hargreaves Associates.Landscape Architectuct Ⅱ Hargreaves Associates.2010: 146.

图 5.2.3 迪特尔·普林茨．城市设计（下）——设计建构．吴志强译制组．中国建筑工业出版社，2010:72，88，55，76–78，99，11.

图 5.2.4 葛坚，卜菁华．关于城市公园声景观及其设计的探讨．建筑学报．2003, (9): 58–60.

图 5.2.5 克瑞斯·范·乌菲伦．景观建筑设计集锦 1. 刘晖，梁励韵．中国建筑工业出版社，2010: 149.

图 5.2.9 庞伟，张健，黄征征．景观·观点．大连理工大学出版社，2008: 76, 178–183.

图 5.2.10 卡菲·凯丽．艺术与生存——帕特丽夏·约翰松的环境工程．陈国雄．湖南科学技术出版社，2008: 19.

图 5.2.11C3 月刊 . 滨水建筑 : 缝合城市 欧洲的广场 . C3 月刊出版社 , 2010: 58–73.

图 5.2.12 国际新景观 . 国际新景观设计年鉴 06/07. 四川大学出版社 , 2007: 124–127.

图 5.3.1 迪特尔 · 普林茨 . 城市设计（下）——设计建构 . 吴志强译制组 . 中国建筑工业出版社，2010:72，88，55，76–78，99，11.

图 5.3.3Stosslu. 国际新锐景观事务所作品集 . 刘亚南，张媛媛，杨宇芳 . 大连理工大学出版社，2008 : 120–121.

图 5.3.4http://blog.stnn.cc/jinhua/Efp_Bl_1001225706.aspx 敏思博客 .

图 5.3.6 lloyd W. Value by Design: Landscape，Site Planing，and Amenities. the Urban and Institute，1994: 70.

图 5.3.7 Dimitris Kottas. Urban Spaces— Squares and Plazas. AZUR Corporation，2007: 66–75.

图 5.3.8 lloyd W. Value by Design: Landscape，Site Planing，and Amenities. the Urban and Institute，1994: 70.

图 5.3.9 lloyd W. Value by Design: Landscape，Site Planing，and Amenities. the Urban and Institute，1994: 70.

图 5.3.10 Plasma 工作室. 流动的花园：2011 年西安世界园艺博览会园区设计. 景观设计学，2010（2）：88–91.

图 5.3.11（a）、（b）、（e）lloyd W. Value by Design: Landscape, Site Planing, and Amenities. the Urban and Institute, 1994: 70.

图 5.3.11（c）、（d）国际新景观 . 国际新景观设计年鉴 06/07. 四川大学出版社，2007: 124–127.

图 5.3.12（b）、（c）欧洲景观设计基金会 . 欧洲景观设计学——实地分析 . 香港时代出版社，2008: 172–174.

图 5.3.13 苏菲—巴尔波 . 生态景观 . 辽宁科学技术出版社，2010: 270–271.

图 5.3.15 Hargreaves Associates.Landscape Architectuct Ⅱ Hargreaves Associates.2010:146.

图 5.3.16 Bridget Vranckx. Modern Architecture in the Garden. LOFT Publications，2009: 8–100.

图 5.3.18 吴隽宇，肖艺 . 帕德里克 · 布朗克：欧洲“垂直花园”设计的发明者 . 中国园林 . 2010，(3): 117.

图 5.3.19 http: //bam–usa. com.

图 5.3.20 杨锐 . 景观都市主义的理论与实践探讨 . 中国园林 . 2009, (10): 53–57.

图 5.3.22 李开然 . 景观设计基础 . 上海人民美术出版社 , 2006: 17–19.

图 5.3.23 http: //bam–usa. com.

图 5.3.24 C3 月刊 . 滨水建筑 : 缝合城市 欧洲的广场 . C3 月刊出版社 , 2010: 58–73.

图 5.3.25（a）法国亦西文化 . 大地的瞬息形迹——贾克 · 西蒙设计作品专辑 . 辽宁科学技术出版社 , 2009: 14–47.

图 5.3.25（b）、（c）王向荣，林箐 . 现代西方景观设计的理论和实践 . 中国建筑工业出版社，2002: 43.

图 5.3.26 http://blog.sina.com.cn/s/blog_9859cc0d0102vosi.html　高山景行 gao 的博客 .

图 5.3.27 法国亦西文化 . 大地的瞬息形迹——贾克・西蒙设计作品专辑 . 辽宁科学技术出版社，2009: 14–47.

图 5.3.28 Maria Kim. Landscape Architect Ⅱ Hargreaves Associates. Kwang Young Jeong，2008: 54–55.

表格中插图

表 5.1.1 (a) Sasaki Associates, ORO. Sasaki Intersection and Convergence. Gordon Goff Publisher, 2009 : 124.

表 5.1.1 (b) Yoyo. Contemporary New Landscape Design. 香港时代出版社 , 2008: 2.

表 5.1.1 (c)、(d) lloyd W. Value by Design: Landscape, Site Planing, and Amenities. the Urban and Institute, 1994: 70.

作者自摄或自绘

图 2.1.1，图 2.1.2，图 2.2.1，图 2.3.1，图 2.3.2，图 2.3.4，图 2.3.5，图 2.3.7，图 2.3.8，图 2.4.4 (b)，图 3.1.13，图 3.1.16，图 3.1.24，图 3.1.25，图 3.3.6，图 3.3.9，图 3.3.11，图 4.1.2，图 4.1.4，图 4.1.7，图 4.1.8，图 4.1.13，图 4.2.4，图 4.2.7，图 4.2.10，图 4.2.12，图 4.2.14，图 4.2.19 (a)，图 4.3.2，图 4.3.3 (c)，图 4.3.4，图 4.3.7，图 4.3.8，图 4.3.9，图 4.3.13，图 4.3.15 (a)，图 4.3.15 (c)，图 4.3.16，图 4.3.19，图 5.1.3，图 5.1.7，图 5.1.8，图 5.2.2 (b)，图 5.2.6，图 5.2.7，图 5.2.8，图 5.2.13，图 5.3.2，图 5.3.5，图 5.3.12 (a)，图 5.3.14，图 5.3.17

后　记

自博士毕业之后，论文就一直沉睡在书架上，直到中国水利水电出版社李亮主任来电，谈及论文出版事宜，才重新审视当年的心血之作。之后繁杂而琐碎的种种借口，导致论文出版又无限期地推后。近期，由于特殊原因，跟李主任再续前缘，仍得到其大力支持，才使本书得以面世。在此，非常感谢李亮主任对本研究成果的认可和支持。

论文选题缘起于设计过程中的迷茫，每一次都是在反反复复的过程中，寻找设计的终极答案，每一次的答案也都不尽相同。求之不得的思考，引发我将研究视点锁定为“人的体验”，也许这就是始终指引设计前行的隐形灯塔。同样，论文的研究、实践和写作也经历了一个个反复和调整的过程，每一个阶段都充满着希冀、茫然和兴奋。在这个过程中，首先要感谢我的导师张伶伶先生，论文倾注了导师诸多的心血。至今，我仍保留着先生批改的论文稿件。先生渊博的学识和执着的精神，时刻感染着我，激励着我。先生敏锐的洞察力和严谨的治学态度，使我在五年的求学生涯中获益匪浅。

感谢在论文答辩过程中，赵伟教授、李桂文教授、刘德明教授、金虹教授、刘大平教授、林建群教授、赵天宇教授、孙清军教授给予我的热情指导和宝贵意见，在此向各位先生致以诚挚的感谢。同时，也要感谢李国友师兄在担任答辩秘书过程中所付出的辛劳。

感谢哈尔滨工业大学建筑学院的领导与同事，是他们的支持使我能安于论文的研究和写作。同时，感谢刘安莲老师、张正帅老师在此期间给予的支持和帮助。感谢天作建筑工作室各位师兄师姐和可爱的同学们，大家的帮助和奋斗是人生中难忘的记忆。

最后，感谢我可爱的学生们，他们是姜婷、孟昭晶、王子君、位一凡、刘美倩，在他们的帮助下，图片和文字得到了更新和补充。

余　洋

2015 年 12 月